U0051915

打造輕柔暖意的時尚衣櫥

風工房精選手織服&小物

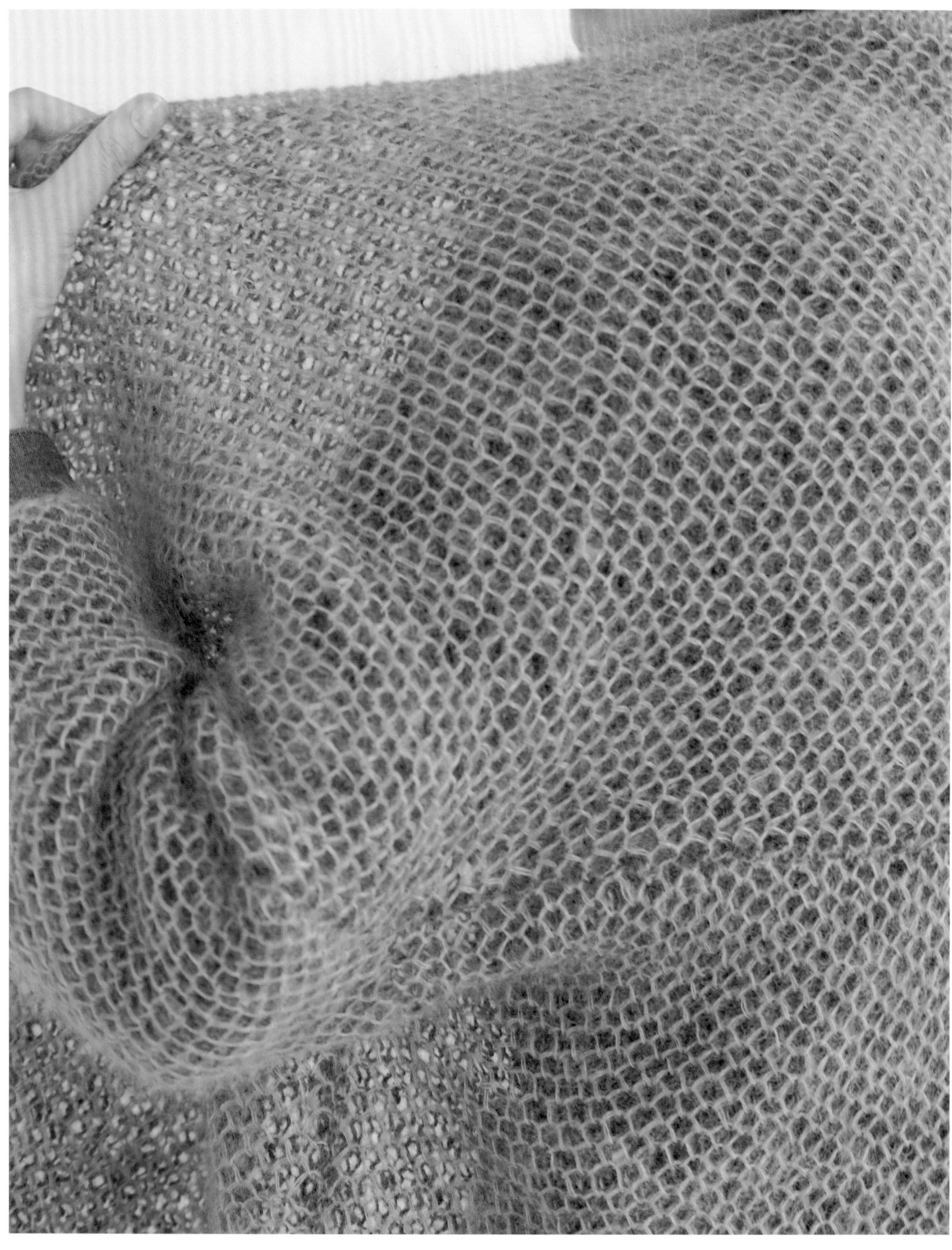

當我著手進行設計時，通常會從花樣織片開始。先使用大量線材編織，再一邊思考書籍的主題，從中逐一挑選適合的線材與顏色。

本書選用的TEORIYA線材，大多屬於具有韌性且鮮少鬆散脫落的織線，同時各線材的顏色也相當豐富。基於活用素材特性的考量，決定了藉由「下針＆上針」、「交叉針＆扭針」、「滑針＆引上針」三組技法，只要精心編織，就足以經久耐穿的經典基本款設計。

作品展開尺寸大部分為女性的M、L、LL，此大小同時也能對應男性的S、M尺寸。若出現「雖然想要這個衣寬，卻不希望衣襬太長」的設定時，不妨選擇LL尺寸的衣寬，再以不加減針的脇長編織M尺寸的段數等方式，多費點巧思配合個人的體型或喜好進行編織吧！

披肩、脖圍、帽子等小物，則是以膚觸絕佳的細線為主要選擇條件。雖然取2條細線進行編織，需要花費一番功夫才能習慣，但我相信成品一定會是簡潔俐落又百搭的優質單品。

從眾多色彩當中挑選出個人喜好的顏色，也是手織樂趣的醍醐味。若能有幸承蒙讀者參考本書作品，開心地編織完成並穿戴於身，將使敝人感到無比開心。

風工房

Contents

下針&上針　6

交叉針&扭針　19

◆本書刊載的所有作品皆使用「TEORIYA」出品的織線。

下針&上針

以棒針編織的基礎技法——下針＆上針進行設計。很喜歡僅以下針或上針完成的針織品，其中又以格恩西織品（Guernsey Knit）最具代表性。浮雕般的花樣織片隨著編織的進行，逐漸呈現出美麗的姿態，令人完全忘卻時間的流逝。

套頭毛衣、開襟衫、背心與手提袋選用了Original Wool、Wool N、Moke Wool等紡毛紗。這些具有適度彈性的素材，能夠讓花樣美麗地浮現。重視肌膚觸感的披肩與帽子，則是選擇了Cashmere、Silk與色澤美麗的漸層花線。由於每款作品都是重複編織簡單的花樣，因此最適合在某個空檔時間，一邊進行其他事，一邊「同時進行」編織。無需太過努力，請涓滴細流一步一步地完成即可。

①三角旗花樣方形大披肩

選擇格恩西花樣中經常出現的旗幟花樣。
無論正面、背面都會浮現相同的花樣。
可對摺成半，作為長方形或三角形的披肩使用，
穿著搭配相當富有樂趣的一件單品。
外緣的起伏針則是直接續行編織而成。

使用線材・Cashmere
織法 → p.50

② 顯色美麗的黃綠色格恩西花樣毛衣

線材為強撚的紡毛紗，纖細卻具有足夠的韌性，
可以美麗呈現立體花樣的光影。
胸線以上配置了Z字型花樣與桂花針。
袖子是在身片挑針，編織而成。
下襬鬆緊針的兩側不接縫，直接作成開衩樣式。

使用線材・Original Wool
織法 → p.52

③ 簡單的地模樣圓領毛衣

這是格恩西花樣裡經常出現的4針・4段小花樣。
為了使袖襱、領口的邊緣易於挑針，因此以下針作立起針進行減針。
後片肩線處進行減針，前片則筆直編織，完成不作引返編的肩斜。
下襬鬆緊針的兩側不接縫，直接作成開衩樣式。

使用線材・Original Wool
織法 → p.54

④ Z字花樣圓形剪接毛衣

混色調的美麗淺灰誕生出雅致的高級感毛衣。
由於圓形肩襠的花樣會往上逐段減少，
因此Z字花樣也隨之漸漸變小。
隨著編織的進行逐漸立體成形，正是織物的有趣之處。

使用線・Moke Wool A
織法 → p.56

⑤ 肩章袖長外套

在身片邊緣編織一針鬆緊針，
並且在前立＆領緣減針後繼續編織後領。
如此成就了一件無需緣編的設計。
口袋則是另行編織再接縫固定。
清爽的灰藍色讓長版設計也能展現輕盈感。

使用線材・Wool N
織法 → p.58

⑥萌黃色肩背包

樹木花樣並排成3行，
分別由袋底往上編至袋口。
一針鬆緊針的背帶，
與本體兩側脇邊縫合固定，
自然形成了袋子的側幅。
亞麻布裡袋以藏針縫固定於袋口，
隨即擁有袋子必備的耐用度。

使用線材・Wool N
織法 → p.62

⑦ 二針鬆緊針的尖帽&腕套組

單是由藍至綠的鮮豔漸層就十分美麗，適合簡單造型的紡毛紗。
逐段變化的色彩令人心生期待，忍不住一直織下去。
因為是最基本的二針鬆緊針，只要以4針為單位加針或減針，就能輕鬆調整尺寸。

使用線材・ロングかすり(e-wool)
織法 → p.64

⑧ 三季適用的絲織披肩

將下針2段・上針2段的花樣針數加以變化，使織片呈現畝編般的紋路。
絲質線材需要仔細編織才能擁有美麗纖細的成品，因此製作上會稍微費點時間，
但完成時展現的美麗與良好膚觸也是格外優異。

使用線材・T Silk
織法 → p.95

交叉針&扭針

只要喜歡棒針編織，一定會想趁著當季編織一件「交叉針＆扭針」花樣的織物。毛衣或開襟衫之類的衣服，可以挑選具有適度彈性的織線，或即使織細依然能夠完美詮釋花樣，或織入大量交叉針也不會鬆散軟塌的線材。為了能夠簡單地調整尺寸，因而在身片脇邊織入桂花針等小型花樣。脖圍與圍巾則使用膚觸絕佳，略帶穩重感的線材，並且特地設計成不論從正面或背面都能感受的美麗花樣。

挑選花樣，進行試編；決定花樣，構思是否能夠完整納入製圖中。即便是愉快的時光，卻也是最燒腦的時候，為了活用線材特徵以純粹的心情編織著，只因期待成就出最完美的作品。

⑨ 組合交叉花樣的艾倫毛衣

於身片中心織入菱形花樣，
並且在兩側加上扭針交叉的生命之樹與麻花等，
組合出經典輪廓的連肩毛衣。
Wool N織線使交叉花樣鮮明俐落，
即便織入大量花樣仍然厚薄適中，易於穿著。

使用線材・Wool N
織法 → p.66

⑩ 扭針的交叉花樣開襟衫

無論是後片中心的菱形（前片為Ｚ字形）、鎖鏈麻花或Ｖ字形花樣，
皆是由下襬的扭針鬆緊針延伸針目似的接續配置。
在考量整體花樣的平衡感之後，
前立以縱向的一針鬆緊針編織而成。
顏色選擇了療癒感的沉穩綠色。

使用線材・Wool N
織法 → p.68

⑪ 肩襠花樣剪接的圓領毛衣

宛如將擰成一股的繩索鬆開似的，
藉由Ｚ字形的肩襠剪接線完成花樣的交接變化。
在後身片的肩線進行減針，作出肩斜，
再以平面針打造出俐落感的袖子。
雲霧感色調的細紗線營造出輕盈質感。

使用線材・Moke Wool A
織法 → p.70

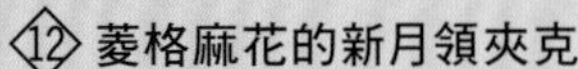

12 菱格麻花的新月領夾克

使用輕盈柔軟的安哥拉毛混織花呢毛線，
織入大量的小小菱格花樣。
為了方便調整尺寸，因此在脇邊配置了桂花針。
只要接縫口袋就會自然帶出夾克風，
因此就算作工稍嫌繁瑣，也請務必挑戰一下。

使用線材・T Honey Wool
織法 → p.73

T Honey Wool 左（38）／中（18）／右（32）

⑬ 扭針的一針鬆緊針帽子・紅色

為了使扭針的一針鬆緊針顯得線條分明，因此以純紅色的雙線編織。
帽頂部分以3併針的減針，突顯出美麗的扭針針目。
編織足夠的長度再反摺戴上。

使用線材・Sofia Wool
織法 → p.76

⑬ 扭針的一針鬆緊針帽子·雲霧紋

由於Sofia Wool線材較細，因此可以取2或3條織線進行編織，亦可享受組合不同色彩的樂趣。
這是取藍色與灰色，以2條織線混搭出雲霧紋的款式。
帽長較紅色款短，可以直接鬆鬆地戴上，亦可將帽口反摺的適中長度。

使用線材·Sofia Wool
織法 → p.76

⑭下針交叉針的菱格紋貝蕾帽

為了突顯花樣的立體效果，因而選用具有彈性的Wool N編織的貝蕾帽。
菱格花樣也配合針數的加減產生漸漸縮小的變化。
帽口的一針鬆緊針藉由對摺製作成紮實的雙層，讓作品的完成度更加細致。

使用線材・Wool N
織法 → p.61

⑮ 喀什米爾雙線編織的淺灰甜甜圈圍巾

以羅紋為基礎形成的鎖鏈麻花，即使是織片背面也看得見花樣，
因此只須隨興圍上，不必在意正面或背面。
想要恰好符合領圍的長度就減少段數；
想要作為圍巾使用就增加段數，請依需求調整即可。

使用線材・Cashmere
織法 → p.78

⑯ 交叉羅紋編的腕套

以輪編一圈一圈地織成筒狀。
從夾克或外套袖口微微露出的模樣，
是一件有著配飾樂趣又溫暖的時尚單品。

使用線材・Sofia Wool
織法 → p.80

⑯ 交叉羅紋編的圍巾

取2條Sofia Wool織線進行編織。
在二針鬆緊針的基底上輪流錯開，織入交叉花樣。
即使是花樣的背面依然呈現良好質感，無論怎麼圍都很有型。

使用線材・Sofia Wool
織法 → p.80

滑針&引上針

滑針與引上針構築而成的花樣織片，展現的樣貌大多頗為有趣，利用每段更換色線的技巧，也能達到多色織入圖案般的效果。由於兩種針法皆為編織2段形成1段份，編織4段形成2段份的花樣，編織段數也變得較多，但進行編織時僅使用一色，因此就連不擅長織入花樣的人，也能輕鬆享受配色的樂趣。

滑針花樣中，分成將針目滑於背面的情況，與滑在正面的情況，只要利用配色編織，即可形成紡織品般的氛圍。引上針花樣的正反面會呈現截然不同的面貌，因此可配合設計，選擇其中一面作為成品正面。

在織片試行期間，為許許多多具有深度的花樣所吸引，讓人忍不住想要更深入探究一番。

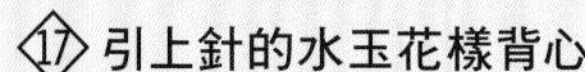

17 引上針的水玉花樣背心

在引上針花樣中，我最愛這款彷彿水玉點點浮現的花樣。
以混色調織線編織而成，打造出大地色系的樸實感。
後身片使用簡單的平面針織成。
為了貼合身型曲線，
在後肩減針，作出銜接處的肩斜。

使用線材・Moke Wool A
織法 → p.82

⑱ 馬賽克花樣的拉克蘭毛衣

使用3種色彩的雲霧感花紗，依序交錯編織1針下針與滑針的花樣。
以靛藍為主色調，加上金黃與淺灰的配色宛如馬賽克。
比一般的織入花樣更具立體感，即使是簡單的花樣也能擁有深度。

使用線材・Moke Wool A
織法 → p.84

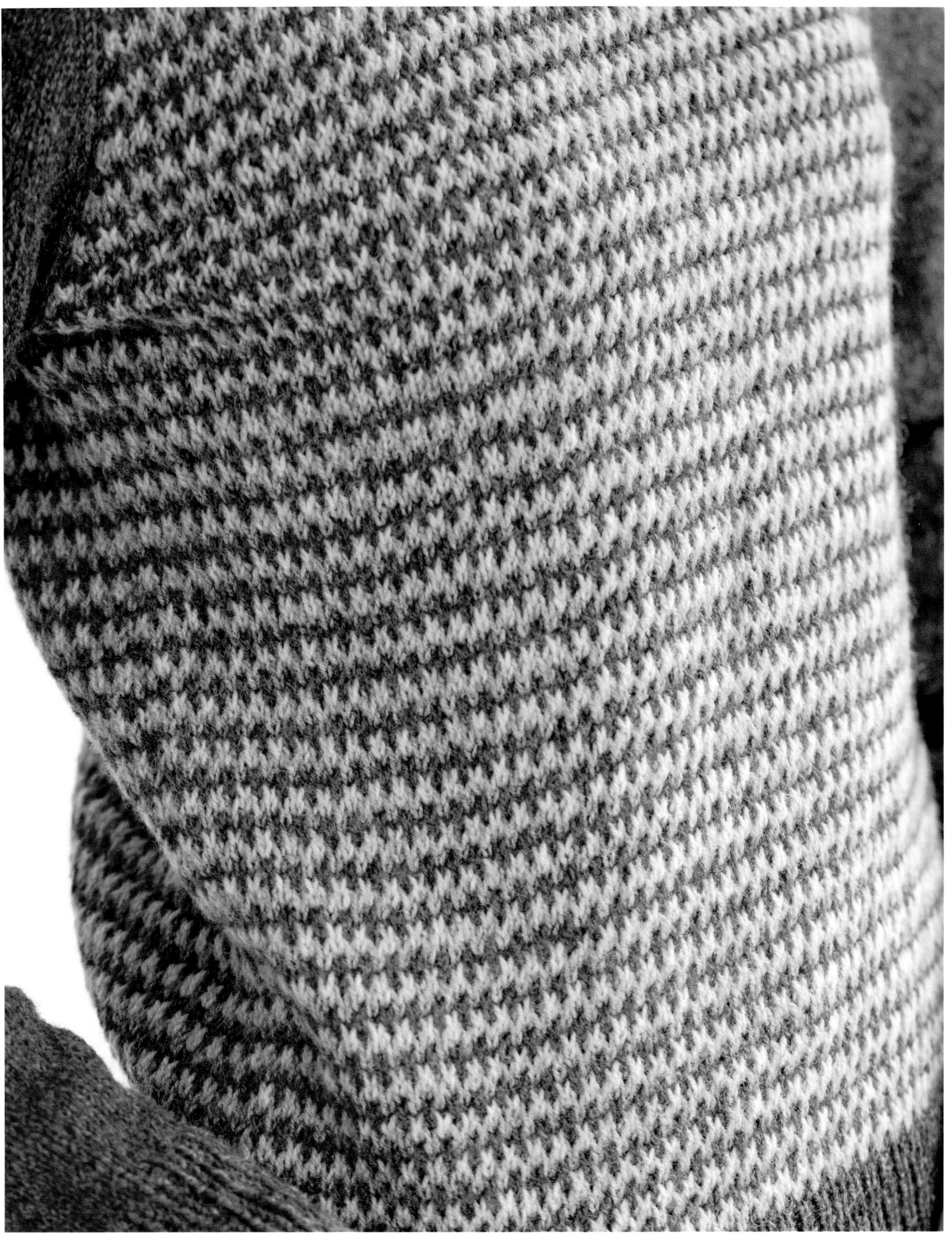

⑲ 點點花樣的口袋開襟衫

鮮明俐落的藍色，織入了奶油色彩的花呢線。
2段一組的配色織法中，只要以奶油色編織下針・上針再進行滑針，
即可形成具有凹凸顆粒感的點點花樣。
後身片與袖子則是純粹單一的藍色平面針。

使用線材・Wool N、T Honey Wool
織法 → p.86

⑳ 蜂巢花樣的罩衫式夾克

取輕柔的Mohair與纖細的花呢線材各一條，
以雙線織出引上針的蜂巢花樣。
每段輪換織線進行編織，
作法只要筆直進行再縫合即可。
雖然看起來頗具分量，
實際成品卻是令人陶醉其中的輕盈。

使用線材・Honey Wool、Feathery Mohair
織法 → p.90
重點教學 → p.47

Honey Wool × Feathery Mohair　左（09）×（10）／中（39）×（11）／右（20）×（03）

㉑ 漿果花樣的蕾絲風大型披肩

由國外圖案集獲得靈感的花樣，
重覆進行引出線的針目與3併針組合而成。
由於花樣之間的鏤空十分明顯，
因此形成了宛如蕾絲花樣般的織片。
使用Mohair與花呢織線的雙線混織，
營造疏鬆輕盈的風格。

使用線材・Feathery Mohair、Honey Wool
織法 → p.89
重點教學→ p.46

㉒ 千鳥格紋髮帶

以滑針織出千鳥格紋般的花樣。
取用2條細線，一起編織出紮實的厚織片，
十分推薦運用於防寒小物上。

使用線材・Sofia Wool
織法 → p.92
重點教學→ p.46

㉒ 千鳥格紋腕套

在針目之間另織下針，再以滑針套住已織好的針目，
乍看之下似乎很複雜的花樣，卻是4針・4段的小花樣，
只要熟悉之後就能輕鬆的重複編織。

使用線材・Sofia Wool
織法→ p.92
重點教學→ p.46

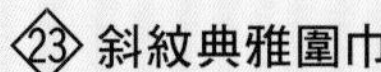

斜紋典雅圍巾

交替編織滑針（滑針針目的渡線在背面）
與浮針（滑針針目的渡線在正面），
每2段錯開1針，並且以2色換線編織。
雙線編織的喀什米爾羊毛觸感絕佳，
經典配色成為相當雅致的圍巾。

使用線材・Cashmere
織法 → p.93

㉔色調美麗的漸層脖圍

橘色、粉紅色、紅色組成了溫暖的漸層色脖圍，
穿戴於身就能使整個人看起來容光煥發。
使用同作品20罩衫式夾克的蜂巢花樣，
打造出蓬鬆的輕盈感。織成長長的圍巾也同樣出色！

使用線材・ロングかすり（e-wool）
織法 → p.94
重點教學→ p.47

滑針&引上針的重點教學

Lesson 1
千鳥格紋

1 組花樣

◎P.43髮帶&腕套的織法

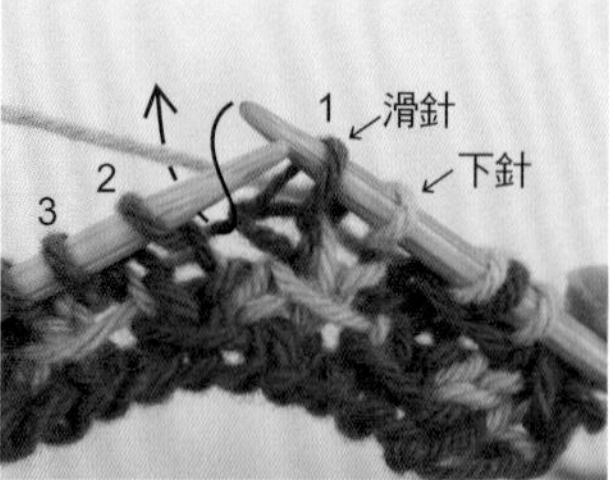

1 織1針下針。針目1織滑針，依箭頭指示在針目1與針目2之間入針。

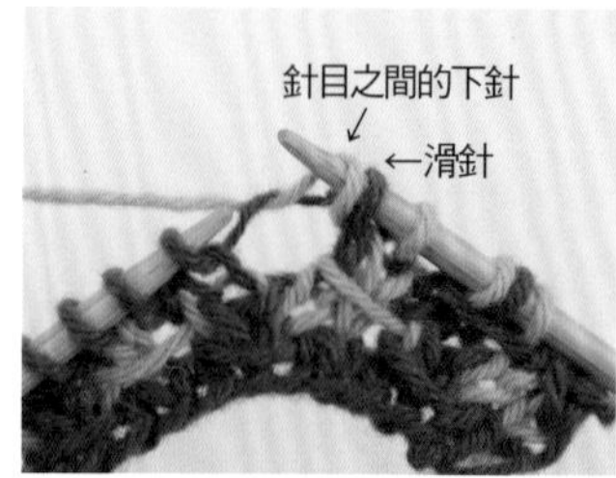

2 織下針。

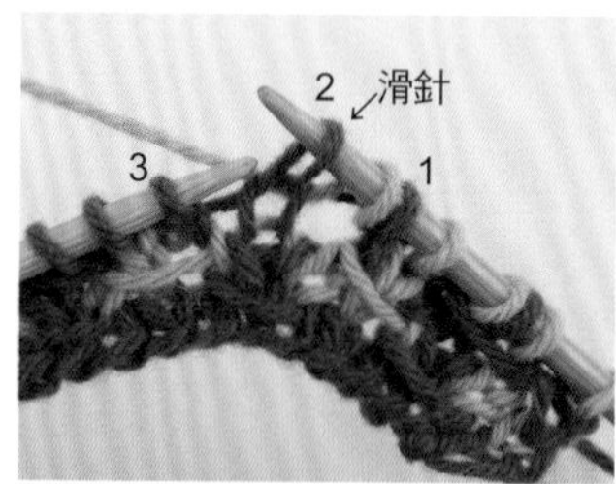

3 針目2織滑針，針目3織下針。

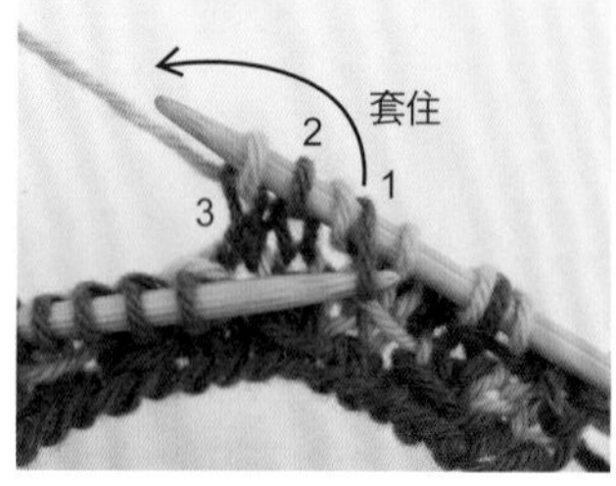

4 左棒針穿入1的滑針，套住針頭處的3個針目。

5 完成結粒花樣。重複步驟編織。

6 以交錯織入花樣的方式繼續編織。

Lesson 2
漿果花樣

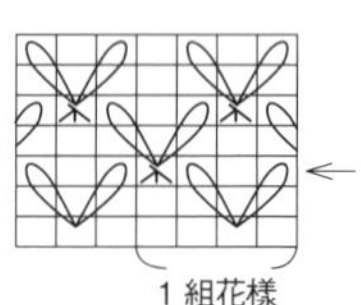

◎P.42披肩織法

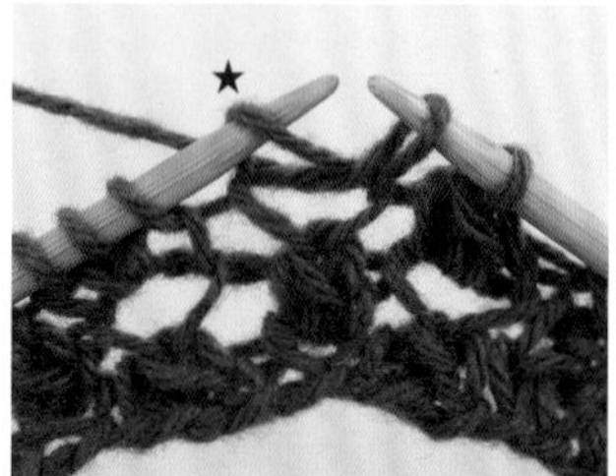

1 棒針穿入★針目的前一段針目中，引出織線。

2 接著，★針目織下針，但★針目仍舊掛在左棒針上。

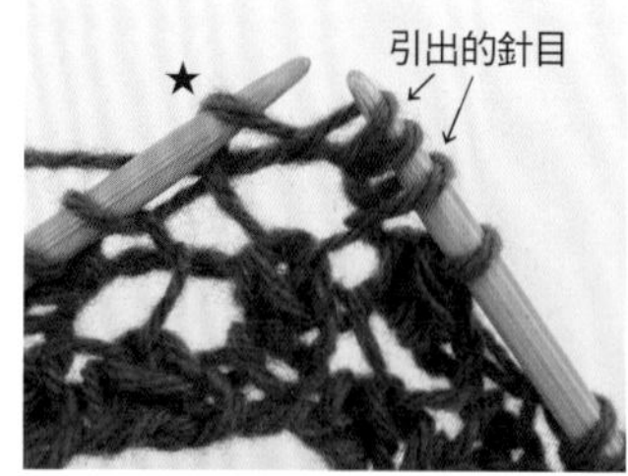

3 棒針再次穿入★針目的前一段針目中，引出織線。

4 右針穿入★針目，由左棒針滑出。接下來的3個針目織右上3併針。

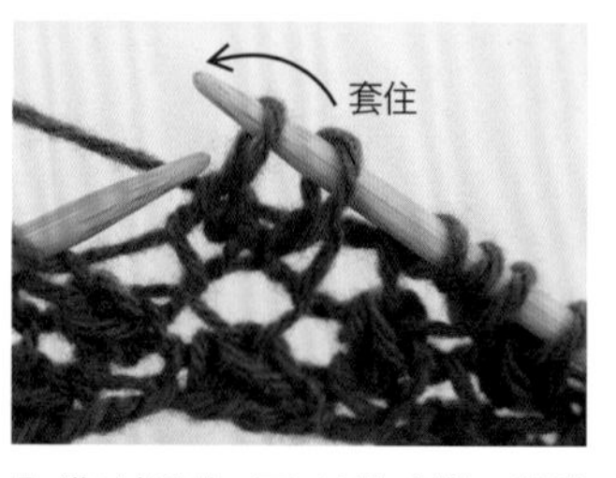

5 織1針滑針，下2針織2併針，將織好的滑針套住2併針（右上3併針）。

6 重複步驟編織。下一段翻至背面編織，但是以正面仍然呈現下針的方式編織。

Lesson 3

蜂巢花樣A

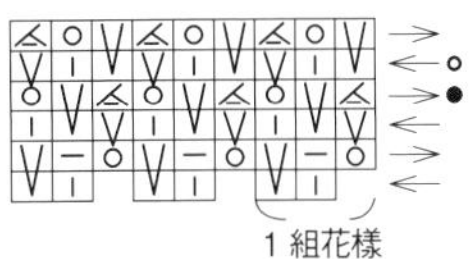

◎P.45脖圍織法（以單色示範）

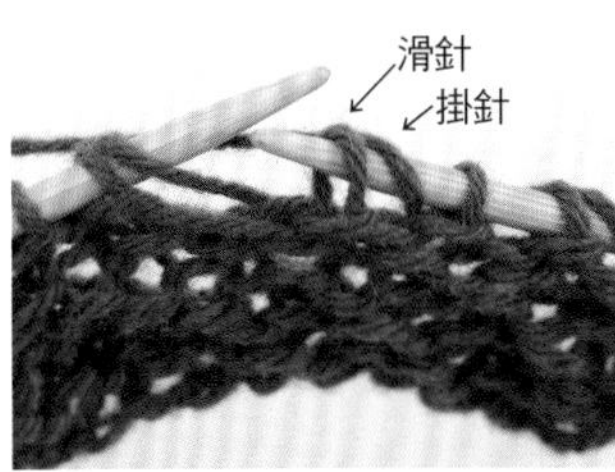

1 看著背面進行的織段（●）。編織掛針、滑針。※此步驟與引上針的織法相同。

2 編織下針的左上2併針。

3 重複進行步驟1、2，編織看著背面的織段。

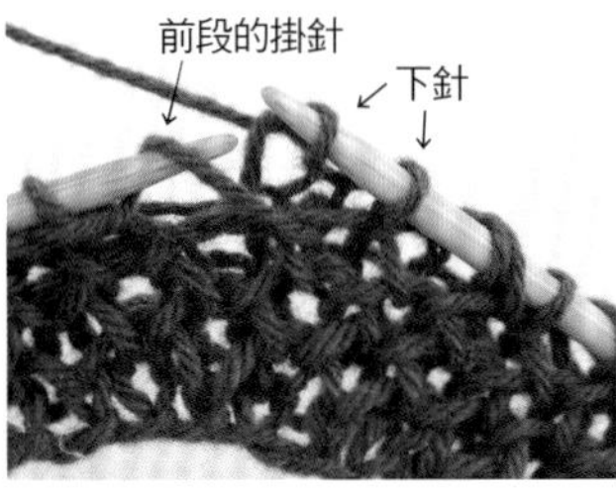

4 看著正面編織的織段（○）。前段的2併針與滑針皆以下針編織。

5 前段的掛針織滑針。

6 重複編織此2段，繼續進行。

Lesson 4

蜂巢花樣B

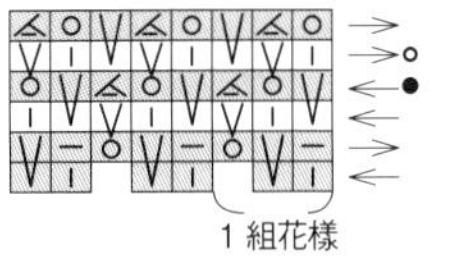

1 組花樣

※編織方向與Lesson 3相反的織段織法解說。

◎P.40夾克織法（以配色編織Lesson 3的花樣）

1 看著正面編織的織段（●）。編織滑針、掛針。※此步驟與引上針的織法相同。

2 棒針一次穿入下2針，編織上針的左上2併針。

3 重複進行編織。

4 看著背面編織的織段（○）。前段的掛針，將織線置於內側，織滑針。

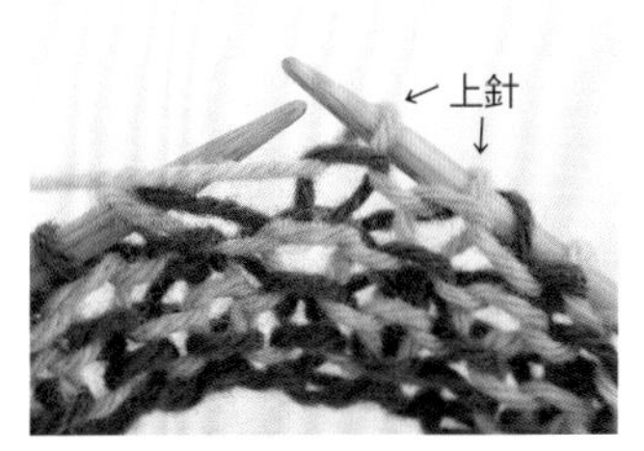

5 下2針織上針。

6 成為4段1組的重複花樣。

本書使用線材（圖為實物原寸）

★由左上開始依序為線材品名、成分、顏色數量、規格、線長、線材類別、標準棒針號數〔鉤針號數〕。

Sofia Wool　Wool 100%　44色
90～100g／絞　約500m/100g　中細
1～2號〔2/0～3/0號〕

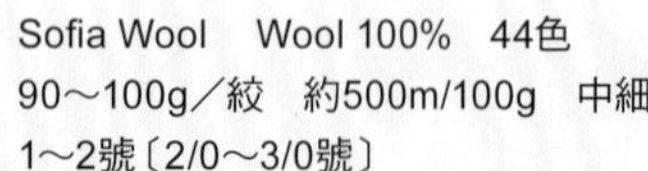

Honey Wool　Wool 80%・Angora 20%
42色　65～85g／絞　約450m/100g　中細
7～9號〔8/0～10/0號〕 ※取雙線編織

Wool N　Wool 100%　42色
90～100g／絞　約230m/100g　並太
5～6號〔5/0～7/0號〕

T Honey Wool　Wool 80%・Angora 20%
42色　65～85g／絞　約210m/100g　並太
7～9號〔8/0～10/0號〕

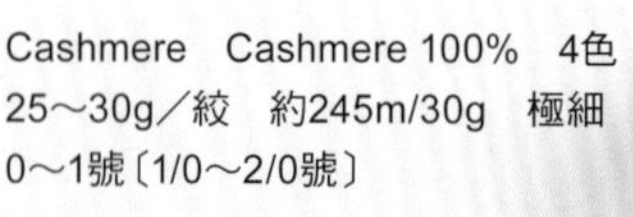

Original Wool　Wool 100%　43色
70～100g／絞　約265m/100g　合太
4～6號〔5/0～6/0號〕

Cashmere　Cashmere 100%　4色
25～30g／絞　約245m/30g　極細
0～1號〔1/0～2/0號〕

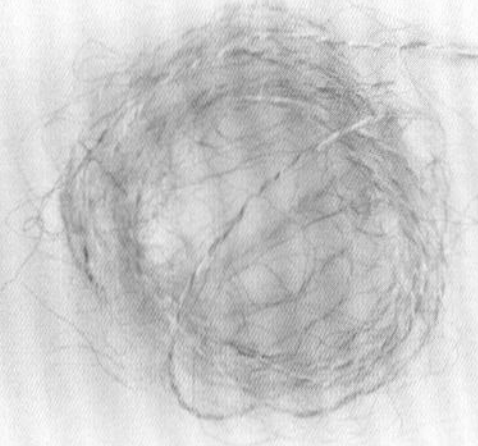

Feathery Mohair　Kidmohair 70%・Nylon 30%
13色　90～100g／絞　約855m/100g　極細
1～3號〔1/0～3/0號〕 ※亦有20g一卷。

ロングかすり（e-wool）　Wool 100%　10色
約50g／絞　約142m/50g　合太
4～6號〔5/0～6/0號〕

T Silk　Silk 100%　16色
75～85g／絞　約400m/100g　中細
3～5號〔3/0～5/0號〕

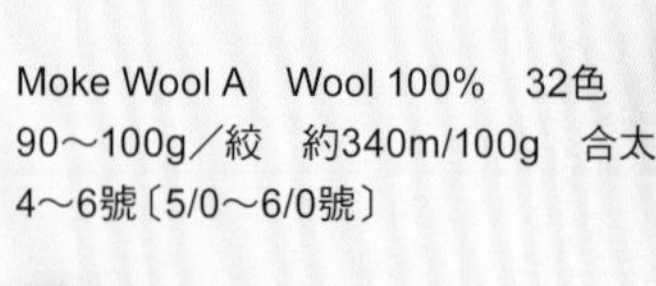

Moke Wool A　Wool 100%　32色
90～100g／絞　約340m/100g　合太
4～6號〔5/0～6/0號〕

How to Knit
作品織法

本書的作品織法會分別標示M・L・LL三種尺寸，或M・L兩種尺寸。
示範作品皆以M size編織，L・LL size的線材份量為大致參考基準。
請參照size的展開尺寸，配合個人的體型或喜好，
調整衣寬或身長再進行編織。

◆作品以手指掛線起針法製作起針針目時，
請使用比起針標示針號數再粗1號的棒針。
◆收針段的套收針若織得太緊，只要改以鉤針進行引拔收縫，即可完成漂亮地收邊。
這個時候，請使用比棒針再細1號的鉤針。

針目記號的織法
TECHNICAL GUIDE

1 三角旗花樣方形大披肩 →p.7

材料

Cashmere（極細喀什米爾羊毛線）　原色（01）315g

用具

棒針4號、5號（起針）

完成尺寸

寬100cm・長96.5cm

密度

10cm正方形＝花樣編23.5針・40段

▸point

取2條織線編織。以手指掛線起針法開始，編織起伏針、花樣編。收針段織套收針。

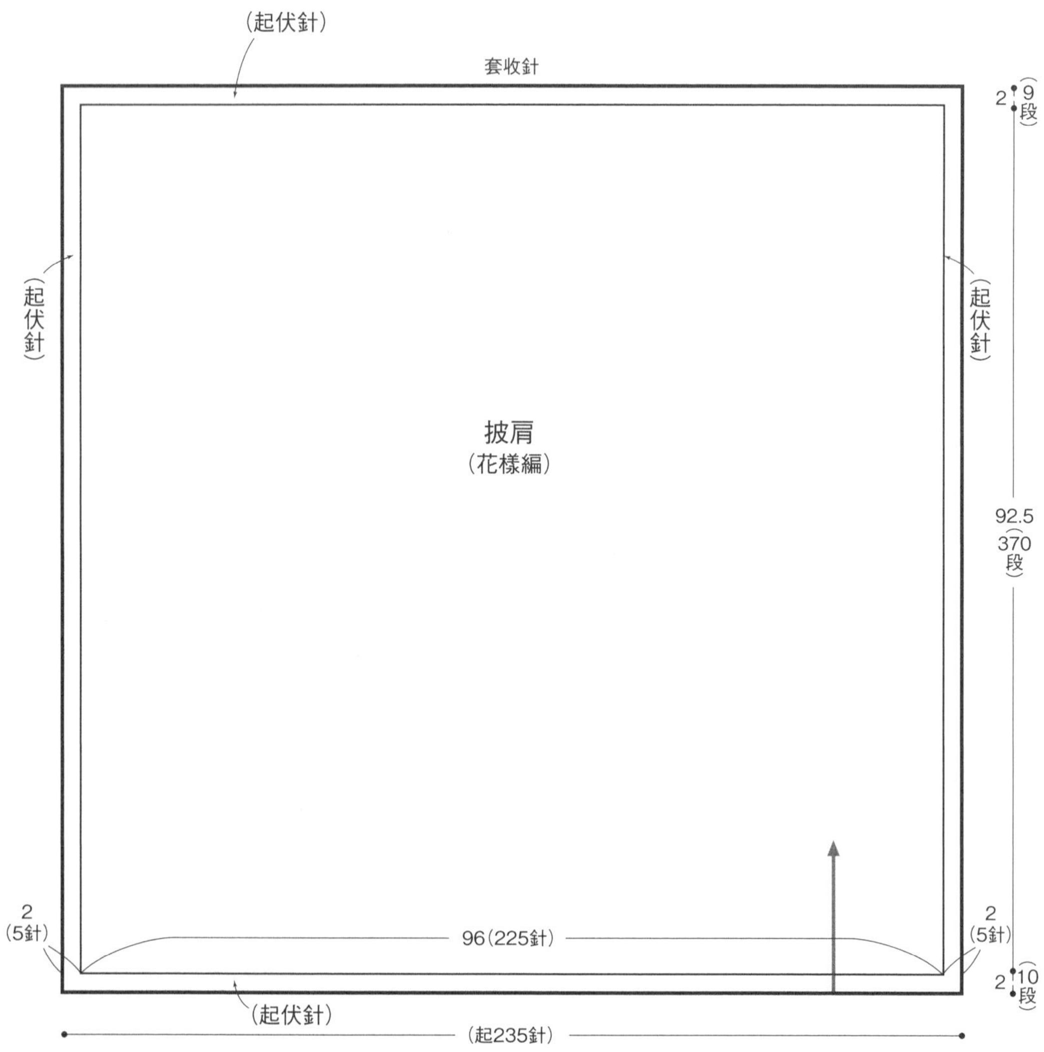

※除起針之外皆使用4號棒針，取2條織線編織。

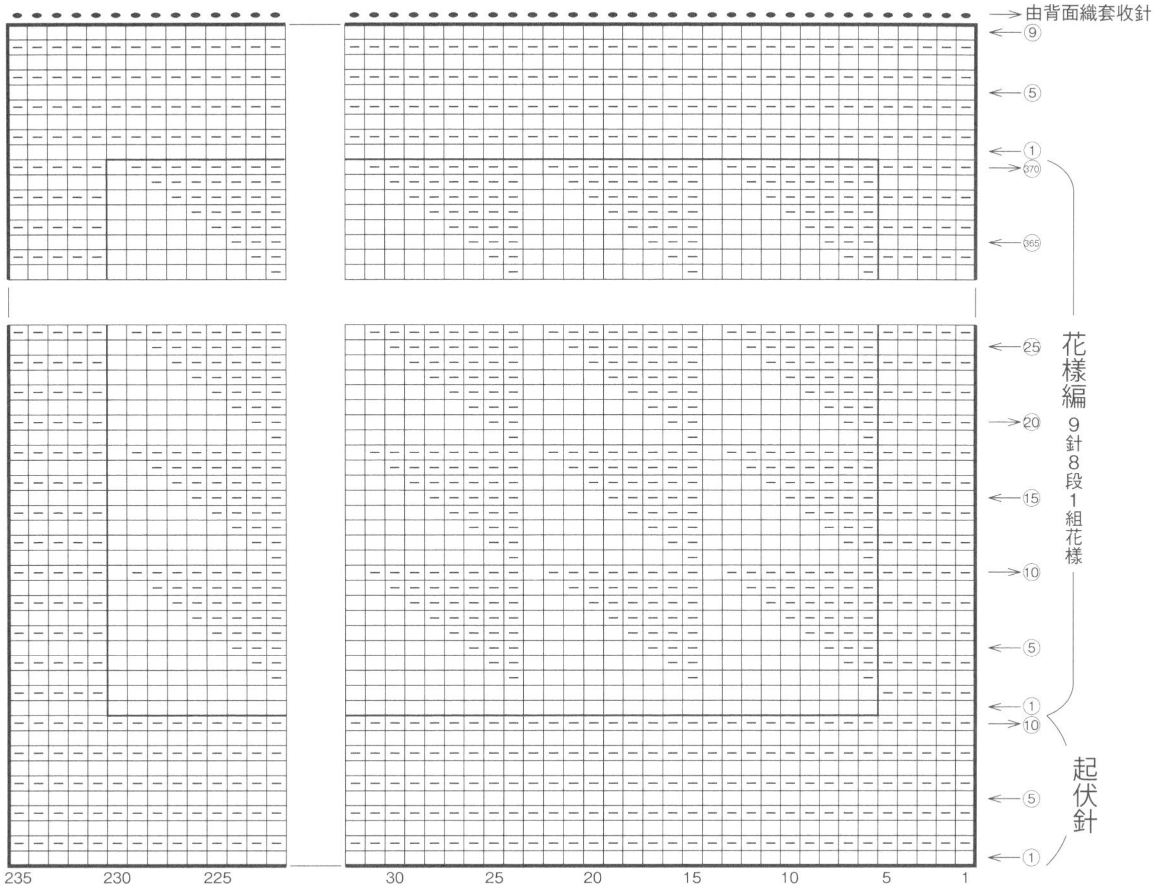

由背面織套收針
⑨
⑤
①
370
365
25
20
15
10
5
1
10
5
1
花樣編 9針8段1組花樣
起伏針
235
230
225
30
25
20
15
10
5
1

□＝Ⅰ 下針

手指掛線起針法

※若沒有比作品粗1號的棒針，請以作品相同規格的棒針作出較寬鬆的起針。

①

線頭端約為編織長度的3倍長

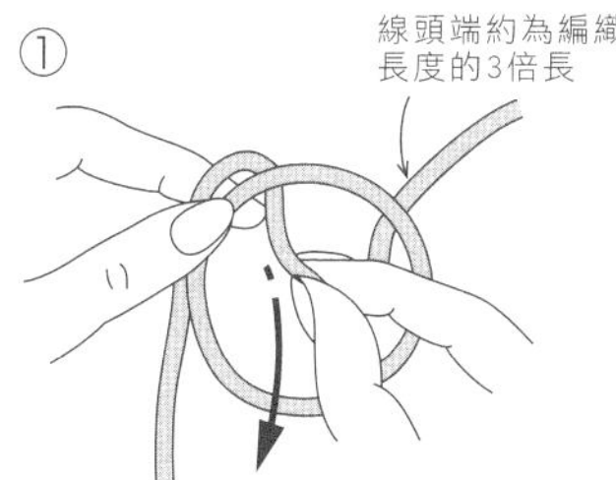

線頭端預留約編織長度3倍的線長，作一線圈後，依箭頭指示從圈中拉出一段織線。

②

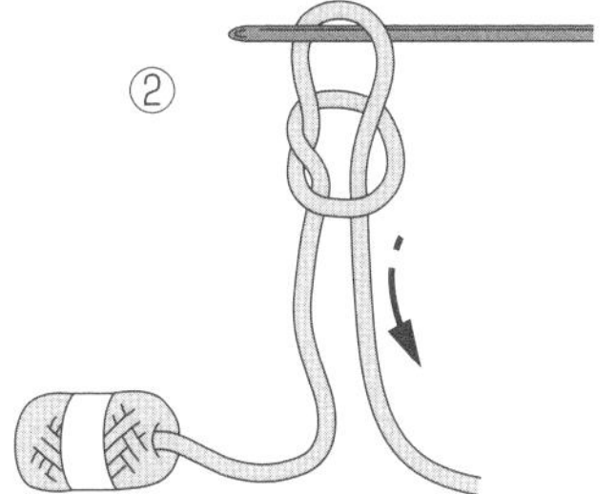

穿入一枝比作品粗1號的棒針（※），拉緊線頭端，收緊線圈。

③

掛在食指上
掛在拇指上

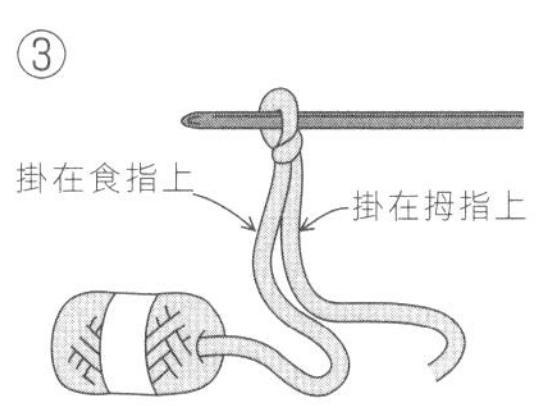

掛在棒針上的線圈為第1針。拇指掛線頭端，食指掛線球端的織線。

④

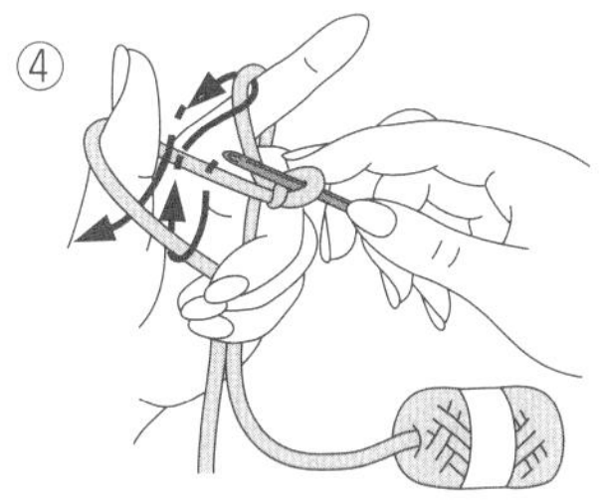

其餘手指如圖按住織線，依箭頭移動棒針，挑拇指上的線，穿過食指上的線，在針上掛線。

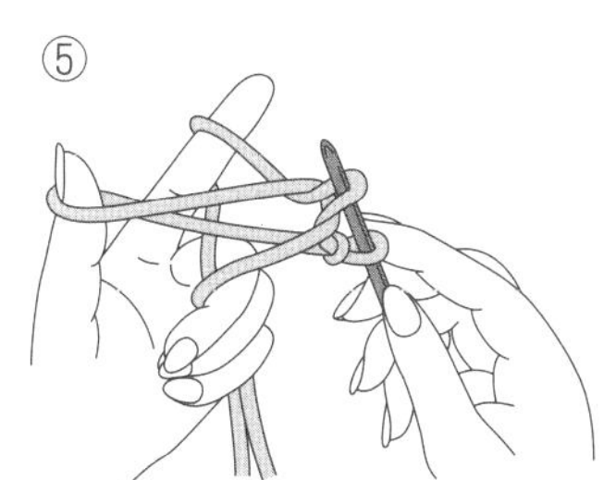

⑤

鬆開拇指上的織線。

⑥

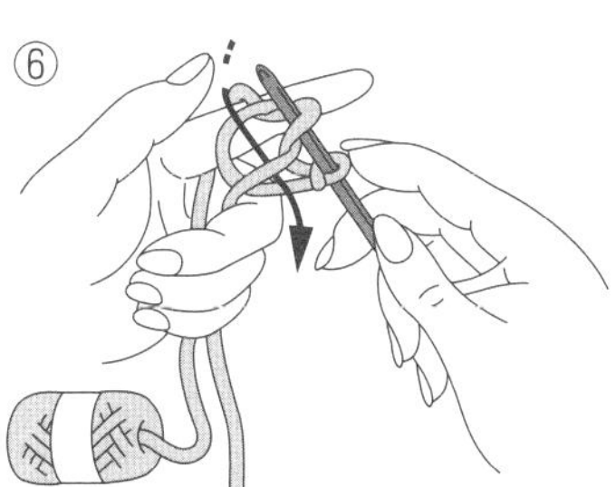

拇指依箭頭指示穿入，再次掛線，慢慢收緊針目。

⑦

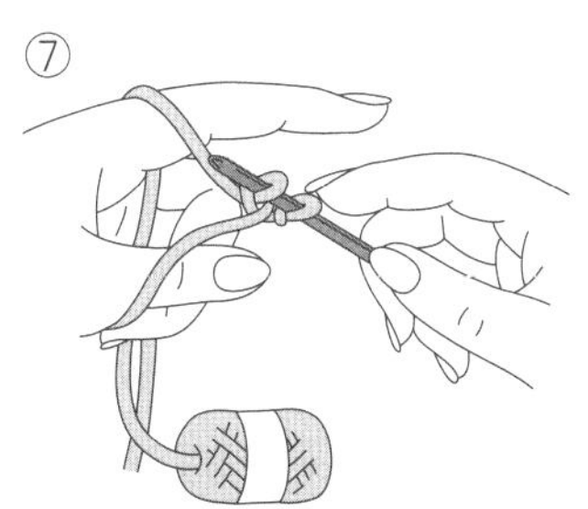

完成第2針。重複步驟④至⑦，製作必要針數。

⑧

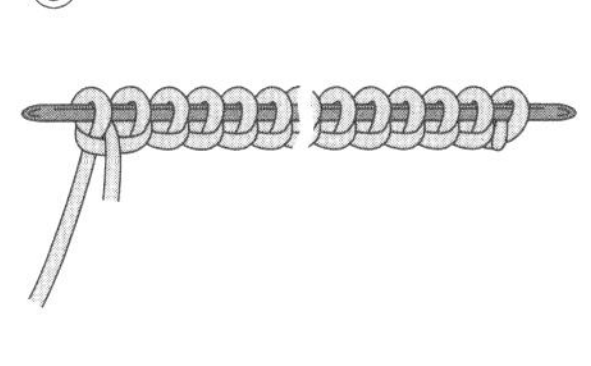

完成起針針目。此即第1段的下針。第2段開始，改以作品指定的針號編織。

② 顯色美麗的黃綠色格恩西花樣毛衣 →p.8-9

材料

Original Wool（合太羊毛線）　黃綠色（20）M / 310g、L / 360g、LL / 410g

用具

棒針4號、3號、2號

完成尺寸

M/ 胸圍94cm、背肩寬41cm、衣長59cm、袖長50.5cm

L/ 胸圍104cm、背肩寬43cm、衣長62.5cm、袖長53cm

LL/ 胸圍112cm、背肩寬46cm、衣長65.5cm、袖長58cm

密度

10cm正方形＝平面針23.5針・33段、花樣編B 23.5針・35段

▸point

身片…手指掛線起針法開始編織，依序進行二針鬆緊針、平面針、花樣編A、B、C的編織。

組合…肩部進行套收針併縫。袖子則是在身片挑針，進行平面針、花樣編A'、二針鬆緊針的編織。收針依前段針目織套收針，下針織下針套收，上針織上針套收。脇邊的挑針綴縫由下襬的開衩止點開始。袖子兩側的直線襠份對齊身片袖襱的合印記號，進行針與段的併縫，袖下進行挑針綴縫。沿領口挑指定針數，進行二針鬆緊針的輪編，收針方式同袖口。

尺寸依M、**L**、LL的順序標示，
僅一個數字時表示各尺寸通用。

2針鬆緊針

□＝[I] 下針

2針鬆緊針（領口）

依前段針目套收
下針織下針套收
上針織上針套收

□＝[I] 下針

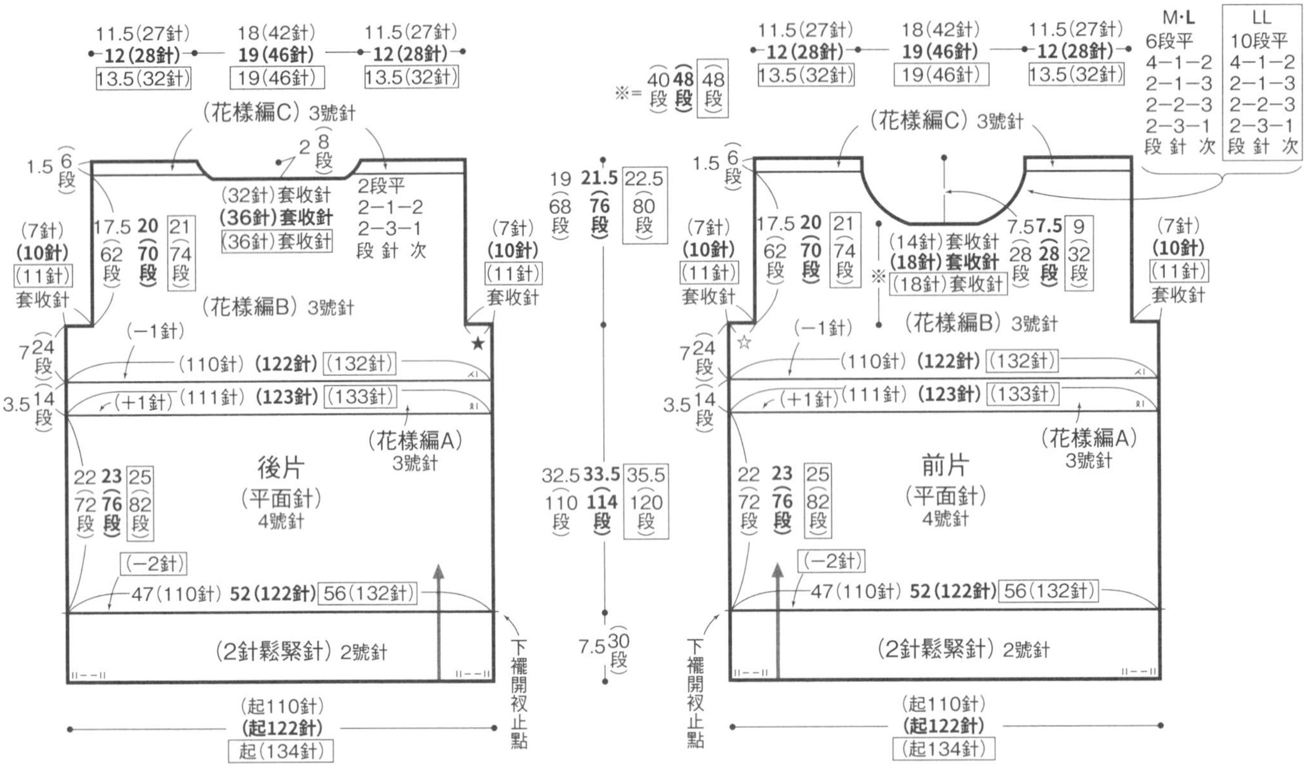

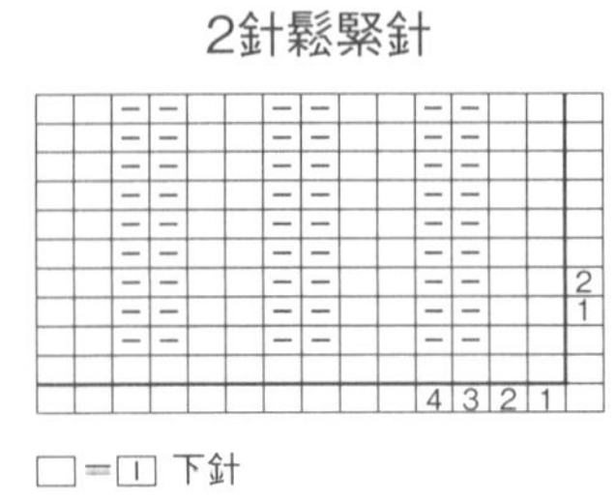

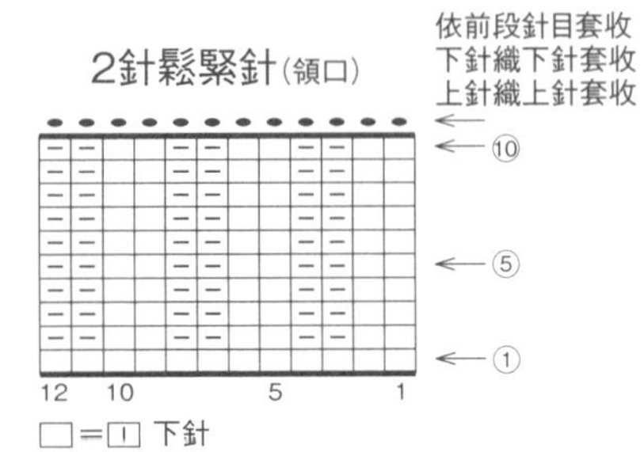

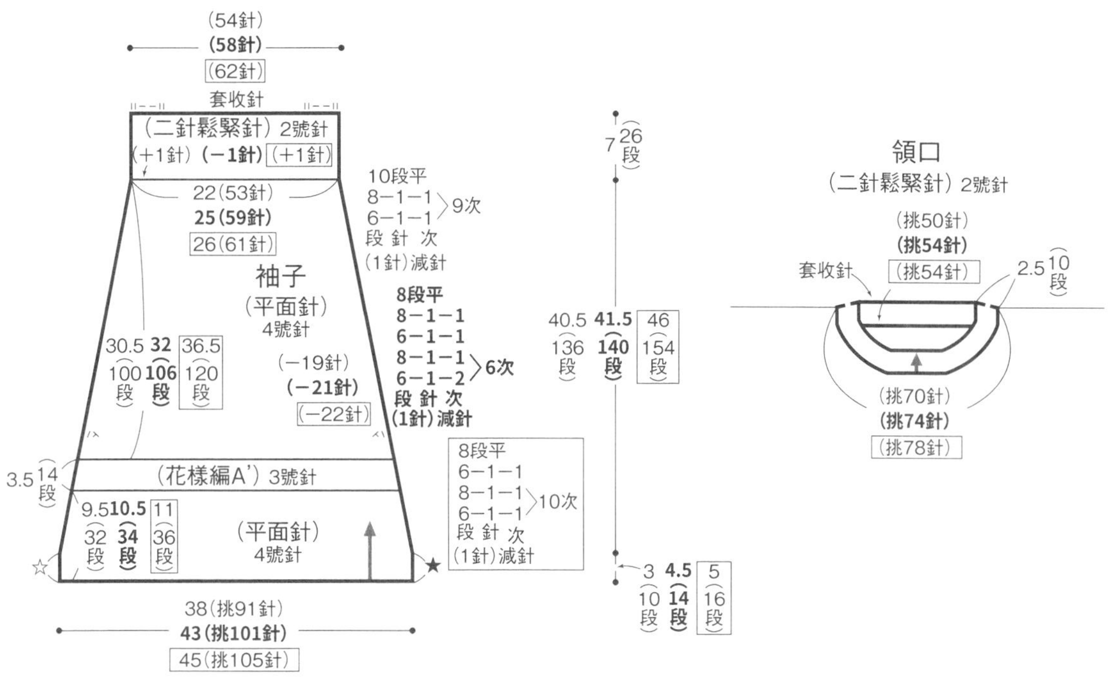

(54針)
(58針)
(62針)
套收針
(二針鬆緊針) 2號針
(+1針) (−1針) (+1針)
10段平
8−1−1
6−1−1
段 針 次
(1針)減針
9次
22(53針)
25(59針)
26(61針)
袖子
(平面針)
4號針
8段平
8−1−1
6−1−1
8−1−1
6−1−2
段 針 次
(1針)減針
6次
30.5 32 36.5
100 106 120
段 段 段
(−19針)
(−21針)
(−22針)
3.5 14段
(花樣編A') 3號針
9.5 10.5 11
32 34 36
段 段 段
(平面針)
4號針
8段平
6−1−1
8−1−1
6−1−1
段 針 次
(1針)減針
10次
38(挑91針)
43(挑101針)
45(挑105針)
7 26段
40.5 41.5 46
136 140 154
段 段 段
3 4.5 5
10 14 16
段 段 段
領口
(二針鬆緊針) 2號針
(挑50針)
(挑54針)
(挑54針)
套收針
2.5 10段
(挑70針)
(挑74針)
(挑78針)

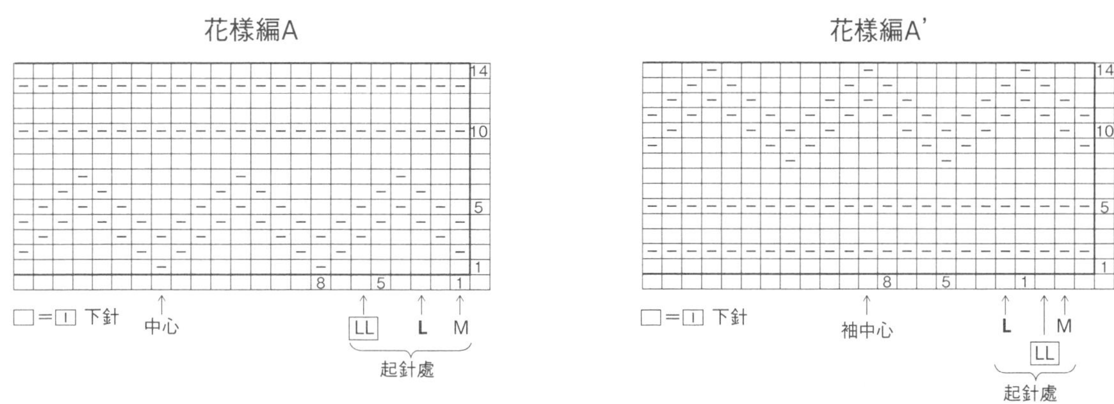

花樣編A
14
10
5
1
8 5 1
□=□ 下針
中心
LL L M
起針處
花樣編A'
14
10
5
1
8 5 1
□=□ 下針
袖中心
L M
LL
起針處

花樣編B
4
3
2
1
4 3 2 1
中心
L M
LL
□=□ 下針
起針處
花樣編C
6
5
1
1
□=□ 下針

3 簡單的地模樣圓領毛衣 →p.10-11

→p.10-11

材料

Original Wool（合太羊毛線） 藏青色（41）M / 185g、L / 220g

用具

棒針3號、2號、4號（起針）

完成尺寸

M/ 胸圍88㎝、背肩寬32㎝、衣長59㎝

L/ 胸圍94㎝、背肩寬35㎝、衣長65.5㎝

密度

10㎝正方形＝花樣編24針．35段

▸point

身片…手指掛線起針法開始，編織花樣編。肩部僅後片進行減針，製作肩斜。

組合…肩部進行針與段的併縫。沿領口、袖襱挑指定針數，進行二針鬆緊針。依前段針目織套收針，下針織下針套收，上針織上針套收。脇邊由下襬的開衩止點開始挑針綴縫至袖襱。

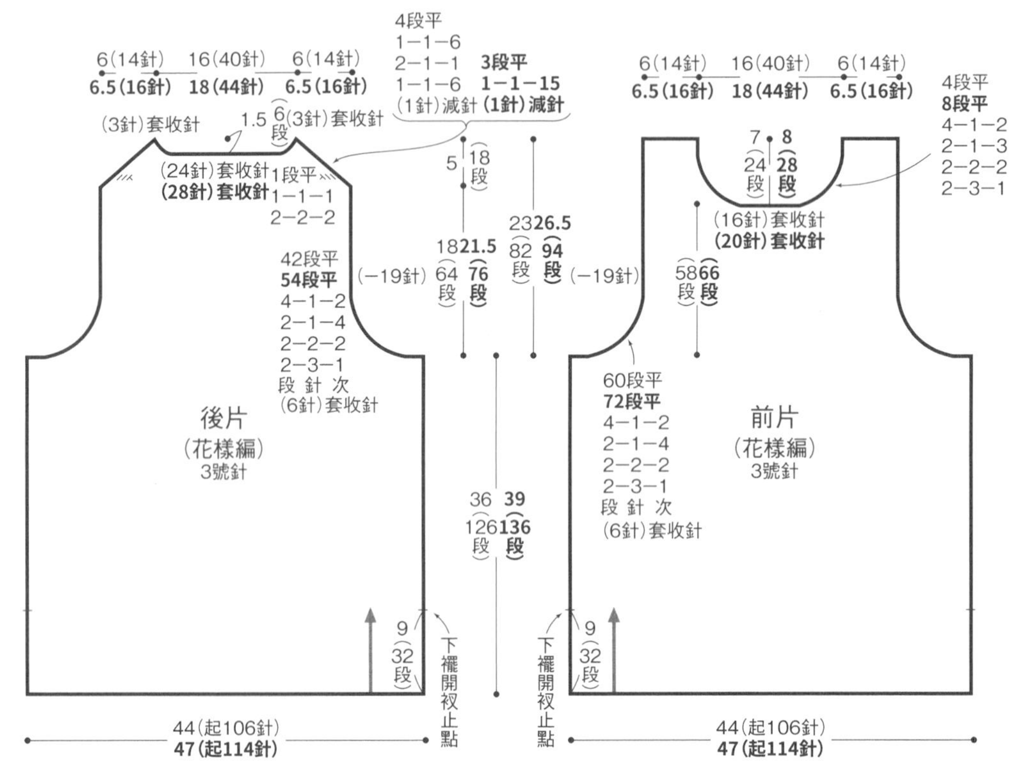

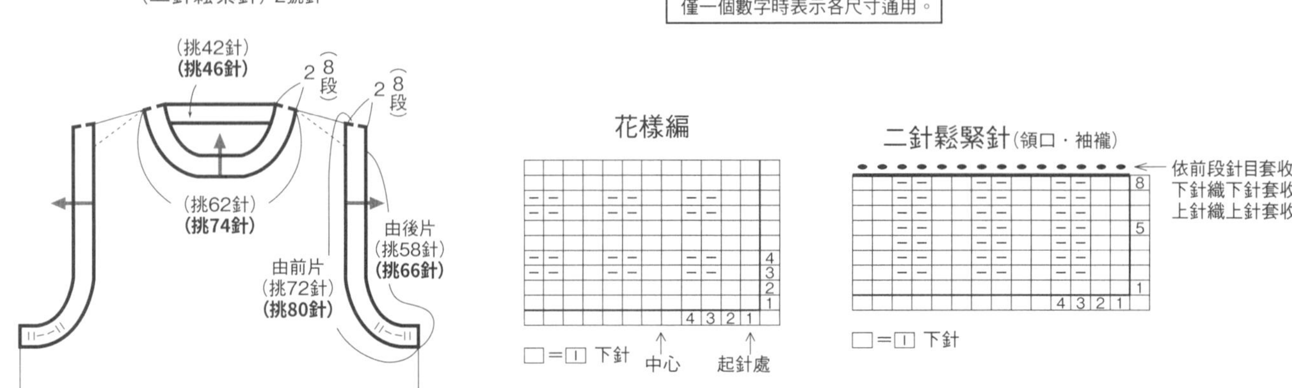

M 後領

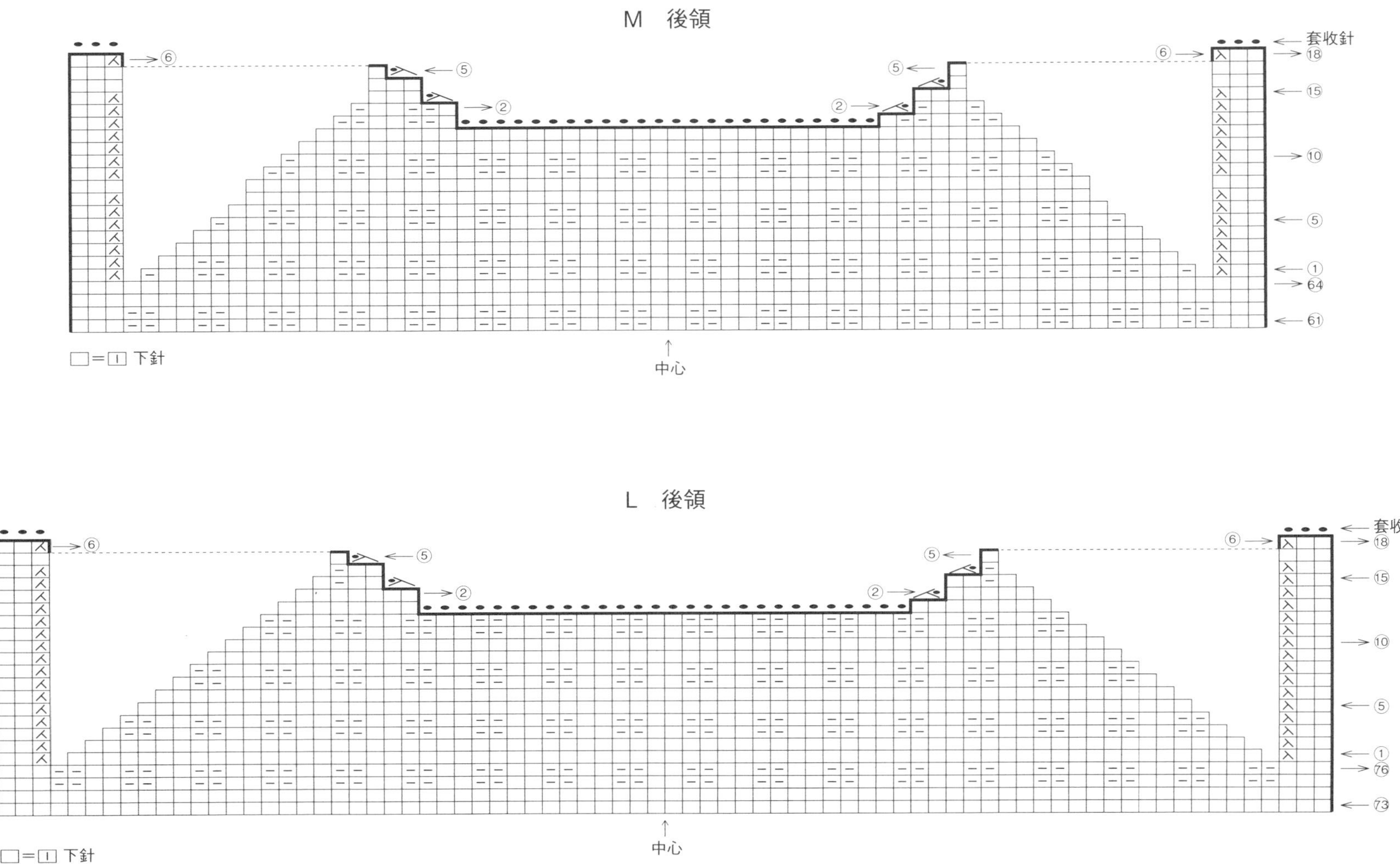

L 後領

4 Z字花樣圓形剪接毛衣 →p.12-13

材料

Moke Wool A（合太羊毛線）　淺灰色（14）M / 280g、L / 320g、LL / 355g

用具

棒針4號、2號、3號（起針）

完成尺寸

M/ 胸圍90cm、衣長51.5cm、連肩袖長68cm

L/ 胸圍98cm、衣長53.5cm、連肩袖長70cm

LL/ 胸圍106cm、衣長55cm、連肩袖長70.5cm

密度

10cm正方形＝平面針26針・38段、花樣編24針・40段

▸point

身片・袖子…手指掛線起針法開始編織，依序進行起伏針與平面針。

組合…進行拉克蘭線、脇邊、袖下的挑針綴縫，襠份為平面針併縫。編織肩襠，沿左袖、前片、右袖、後片的順序挑針，以輪編進行分散減針。接著以起伏針編織領口，收針段由背面織套收針。

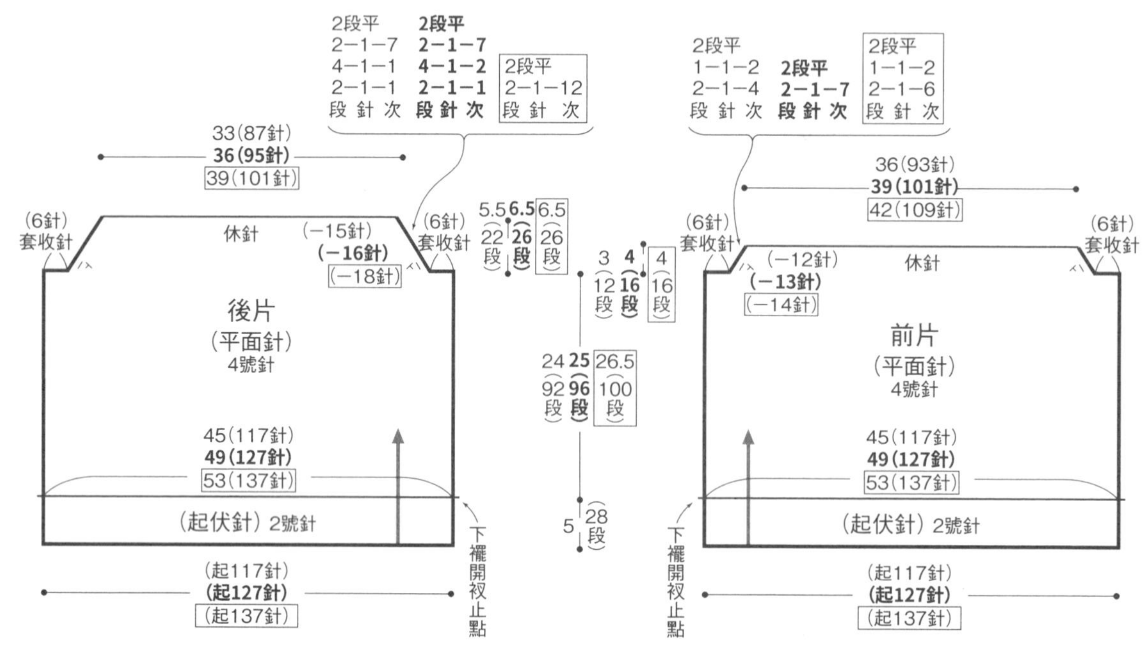

尺寸依M、**L**、LL的順序標示，
僅一個數字時表示各尺寸通用。

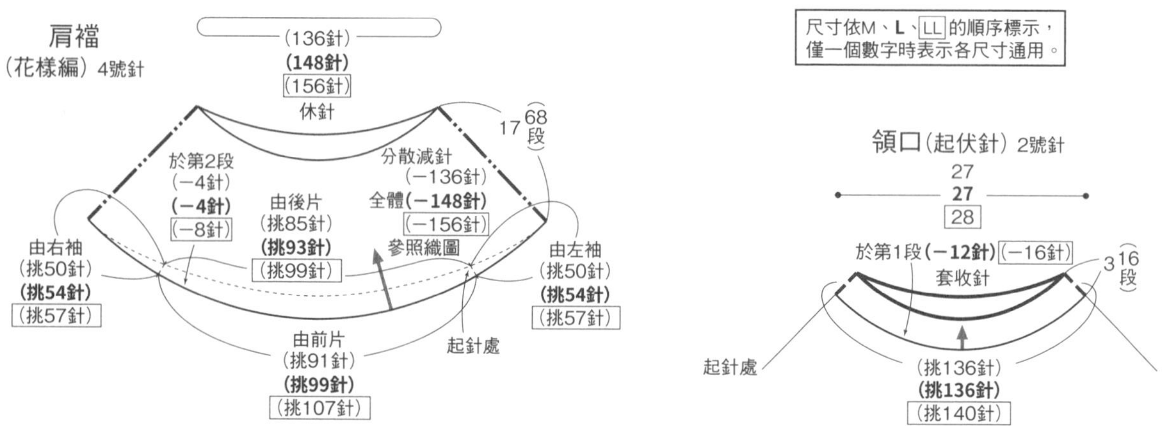

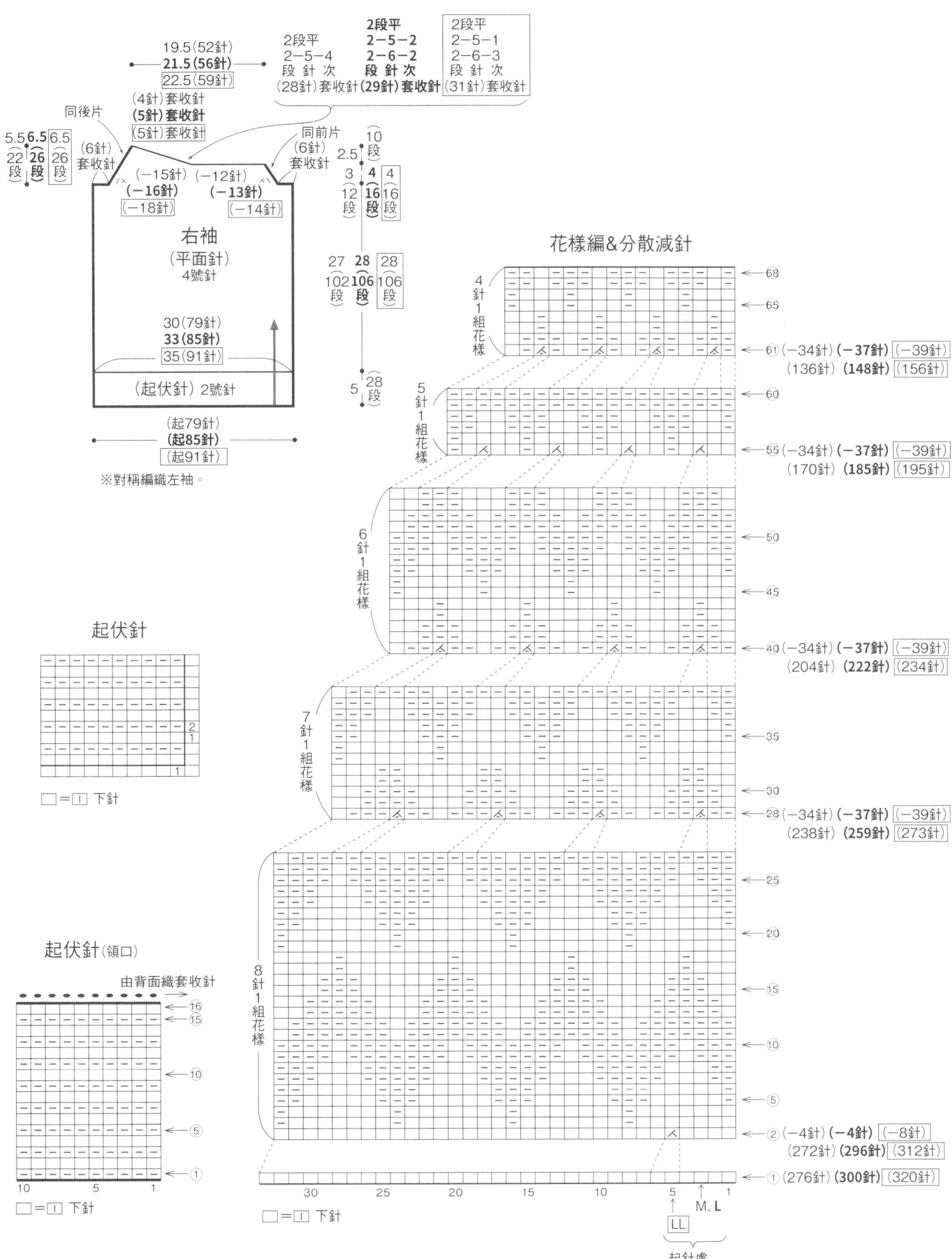

19.5(52針)
21.5(56針)
22.5(59針)
2段平
2-5-4
段 針 次
(28針)套收針
2段平
2-5-2
2-6-2
段 針 次
(29針)套收針
2段平
2-5-1
2-6-3
段 針 次
(31針)套收針
(4針)套收針
(5針)套收針
(5針)套收針
同後片
同前片
(6針)套收針
(6針)套收針
5.5 6.5 6.5
22段 26段 26段
(-15針)
(-16針)
(-18針)
(-12針)
(-13針)
(-14針)
右袖
(平面針)
4號針
30(79針)
33(85針)
35(91針)
(起伏針) 2號針
(起79針)
(起85針)
(起91針)
※對稱編織左袖。
2.5 10段
3 4 4
12段 16段 16段
27 28 28
102段 106段 106段
5 28段
花樣編&分散減針
4針1組花樣
5針1組花樣
6針1組花樣
7針1組花樣
8針1組花樣
68
65
61 (-34針) (-37針) (-39針)
(136針) (148針) (156針)
60
55 (-34針) (-37針) (-39針)
(170針) (185針) (195針)
50
45
40 (-34針) (-37針) (-39針)
(204針) (222針) (234針)
35
30
28 (-34針) (-37針) (-39針)
(238針) (259針) (273針)
25
20
15
10
5
2 (-4針) (-4針) (-8針)
(272針) (296針) (312針)
1 (276針) (300針) (320針)
30 25 20 15 10 5 1
LL
M、L
起針處
□=- 下針
起伏針
2
1
1
□=- 下針
起伏針(領口)
由背面織套收針
16
15
10
5
1
10 5 1
□=- 下針

5 肩章袖長外套 →p.14-15

材料

Wool N（合太羊毛線）　灰藍色（33）M / 525g、L / 630g

用具

棒針5號、4號、6號（起針）

完成尺寸

M/ 胸圍92cm、衣長67.5cm、連肩袖長76.5cm

L/ 胸圍102cm、衣長71cm、連肩袖長80cm

密度

10cm正方形＝花樣編A 23.5針・32段、花樣編B 23.5針・30段

▸point

身片・袖子…身片以手指掛線起針法開始，進行一針鬆緊針與花樣編A的編織。肩部進行減針，製作肩斜。前片的一針鬆緊針接續編至後領。袖子的起針方式同身片，進行一針鬆緊針、花樣編B的編織。袖下是在內側1針進行扭加針。

組合…身片與袖子的接縫是依序進行針與段的併縫、挑針綴縫、平面針併縫。脇邊由下襬開衩止點開始挑針綴縫。袖下進行挑針綴縫。兩片後領的最終段對齊，以引拔針併縫，再進行後片與袖子的針與段的併縫。以花樣編B與一針鬆緊針編織口袋，收針段織套收針。以挑針綴縫、平面針併縫固定於身片。

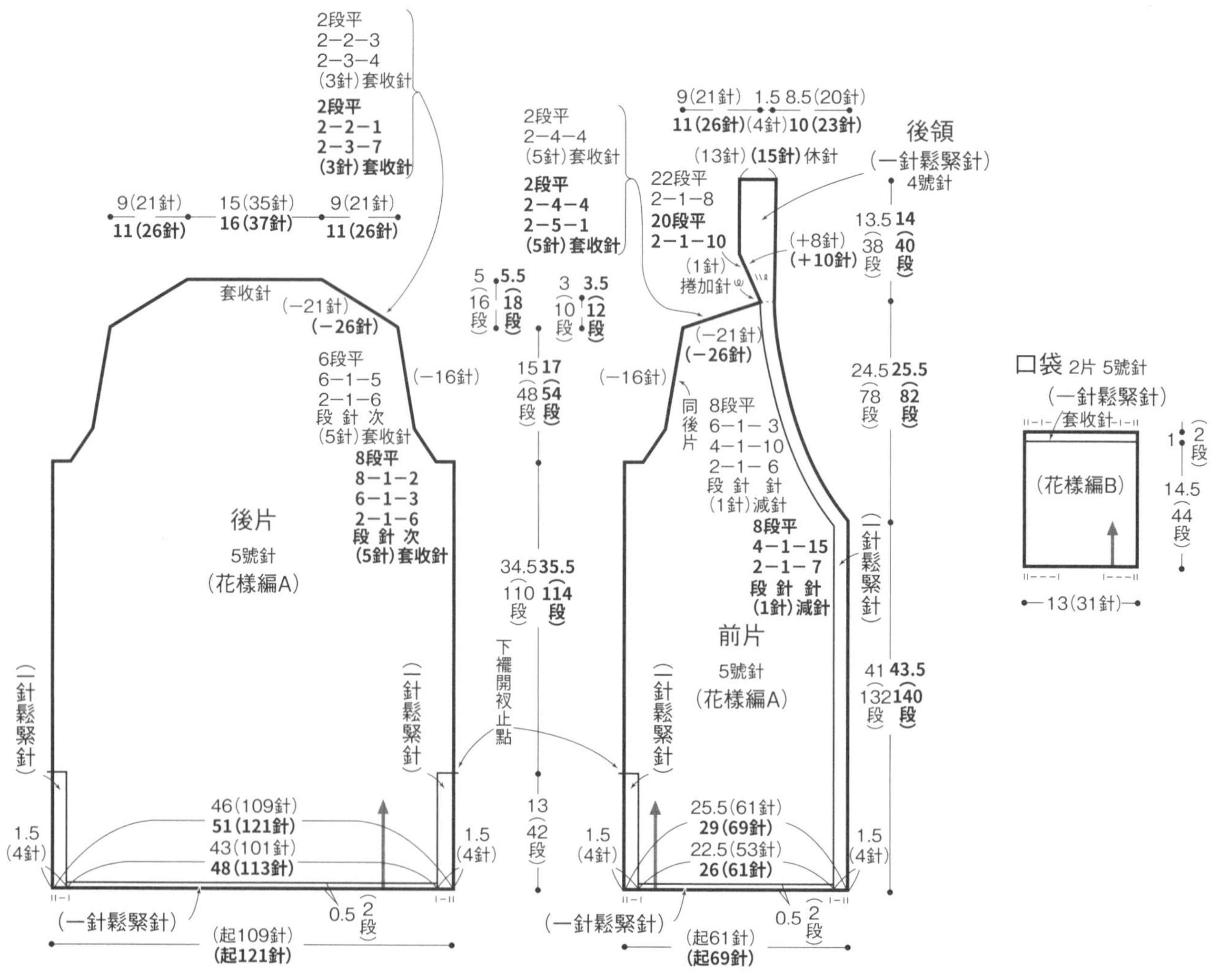

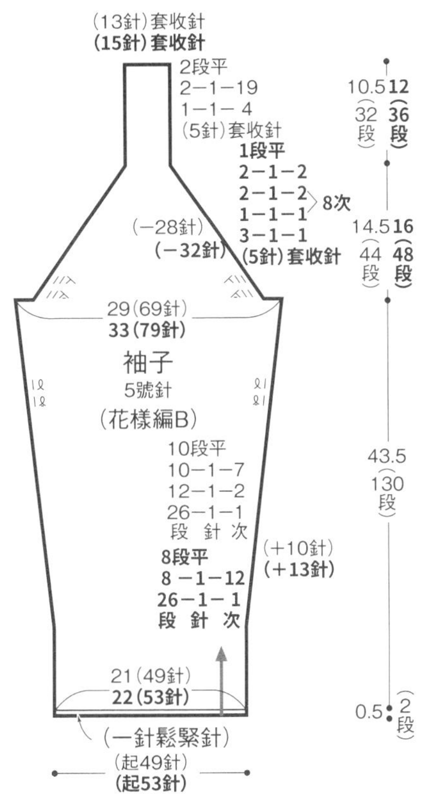

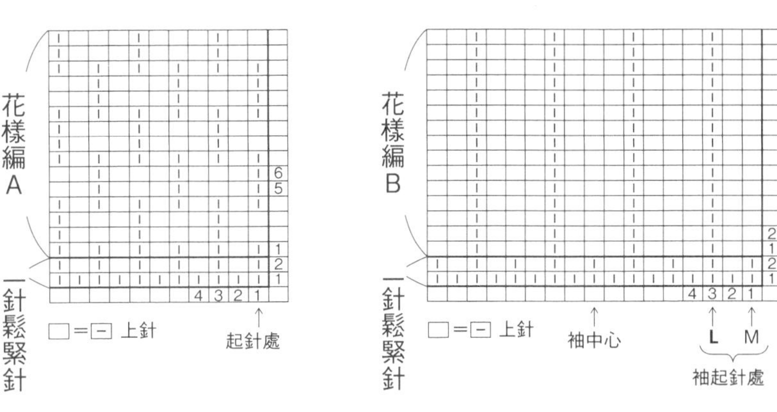

M 袖山的減針

套收針
32
30
1
44
40
35
30
25
20
15
10
5
1
130
125
120
中心
□=□ 上針

組合方法

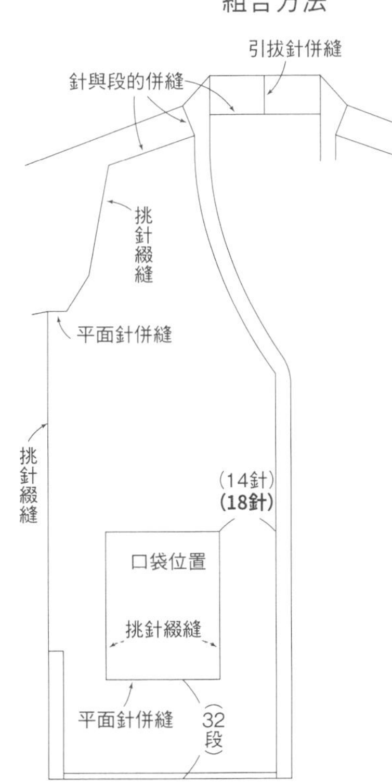

※對稱接縫左前片的口袋。

●接續P.60

●接續P.59(作品5)

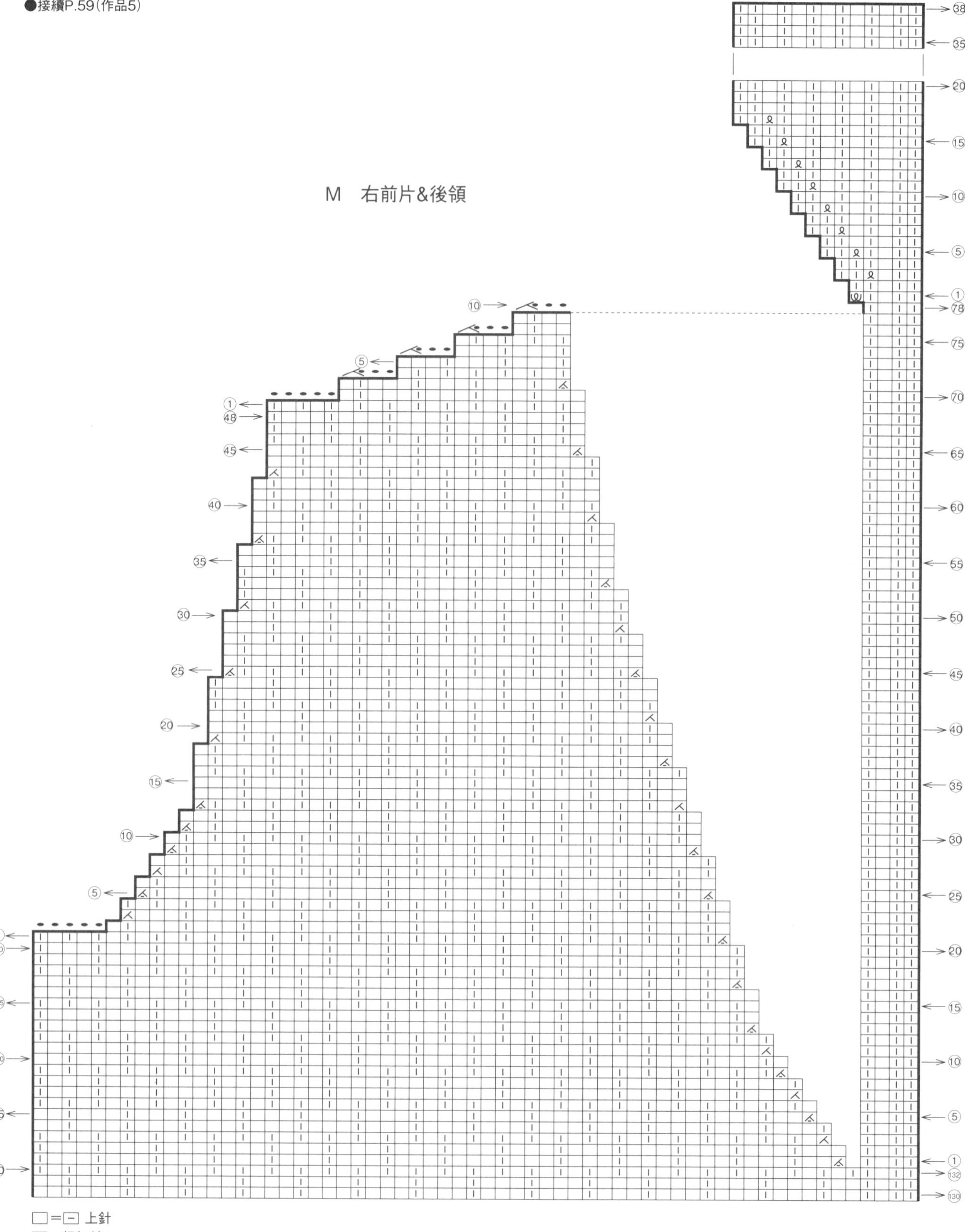

⑭ 下針交叉針的菱格紋貝蕾帽 →p.30

材料

Wool N（合太羊毛線）　深綠色（38）95g

用具

棒針5號、3號

完成尺寸

頭圍48cm・帽深23.5cm

※希望加大尺寸時，可藉由帽口鬆緊針的針數進行調整。

密度

10cm正方形＝花樣編26.5針・30段

▸point

別鎖起針開始編織，進行花樣編的輪編，參照織圖分散加減針。最終段的針目每隔1針穿線，分2次全部穿線後縮口束緊（參照P.76）。一邊解開起針的鎖針一邊挑針，編織一針鬆緊針，收針段織套收針。往內側對摺後，以藏針縫固定。

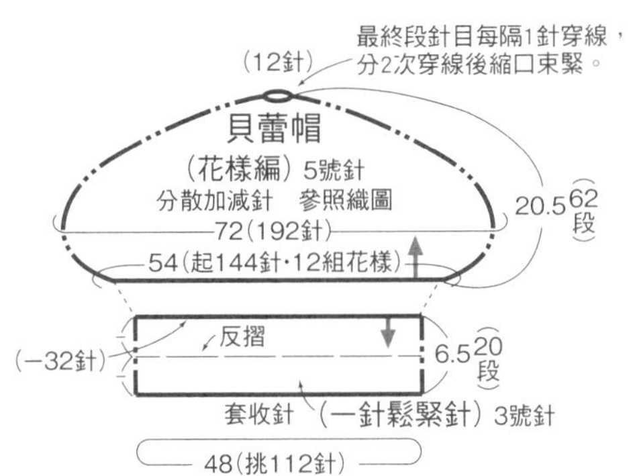

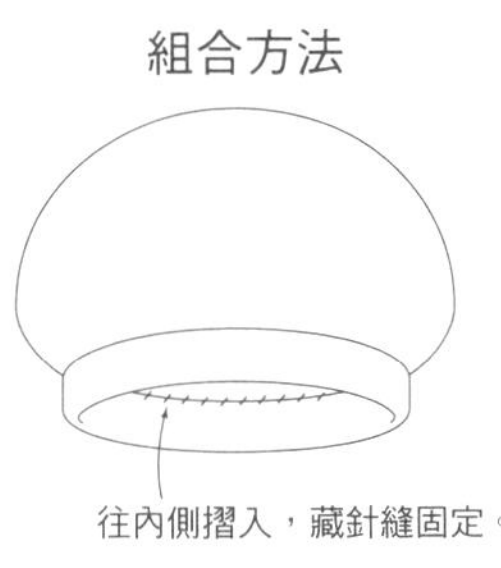

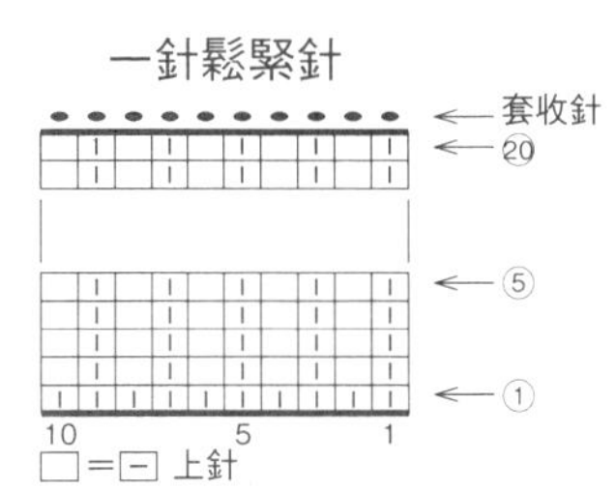

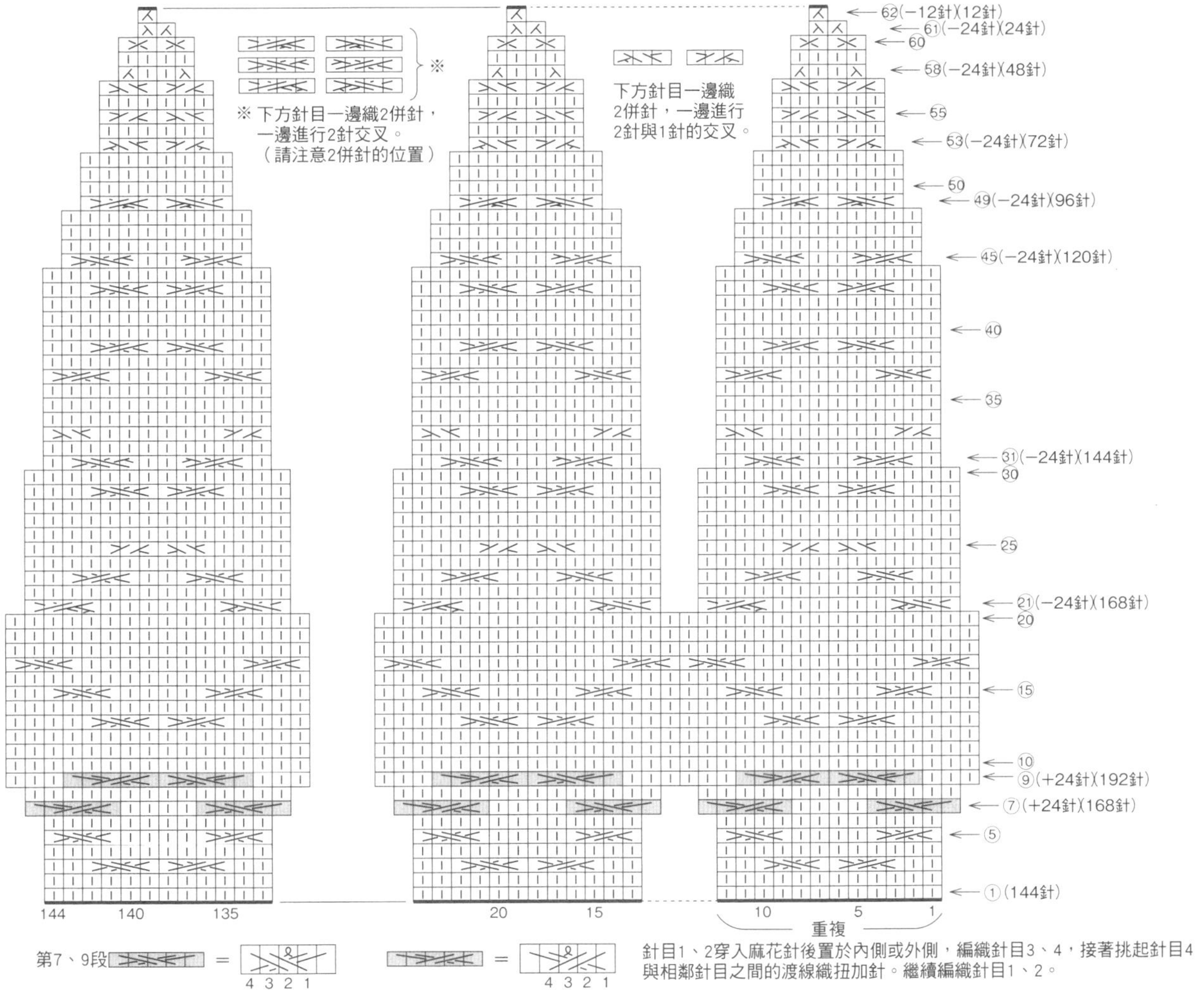

※ 下方針目一邊織2併針，一邊進行2針交叉。（請注意2併針的位置）

下方針目一邊織2併針，一邊進行2針與1針的交叉。

62(−12針)(12針)
61(−24針)(24針)
60
58(−24針)(48針)
55
53(−24針)(72針)
50
49(−24針)(96針)
45(−24針)(120針)
40
35
31(−24針)(144針)
30
25
21(−24針)(168針)
20
15
10
9(+24針)(192針)
7(+24針)(168針)
5
1(144針)

144　140　135　20　15　10　5　1

重複

第7、9段 = 4 3 2 1

= 4 3 2 1

針目1、2穿入麻花針後置於內側或外側，編織針目3、4，接著挑起針目4與相鄰針目之間的渡線織扭加針。繼續編織針目1、2。

⑥ 萌黃色肩背包 →p.16

材料

Wool N（合太羊毛線） 萌黃色（07） 175g

37cm×70cm的裡袋用亞麻布

用具

棒針3號、2號、4號（起針）

完成尺寸

寬31cm·高30.5cm（不含背帶）

密度

10cm正方形＝花樣編23.5針·38段、一針鬆緊針32針·30段

▸point

手指掛線起針法開始編織，依序進行花樣編與一針鬆緊針編織前片，收針段織套收針。在起針段挑針，依前片織法製作後片。肩背帶為手指掛線起針，編織一針鬆緊針。前片·後片與肩背帶進行挑針綴縫、捲針併縫。袋口反摺以藏針縫固定。製作裡袋，縫於袋口內側。

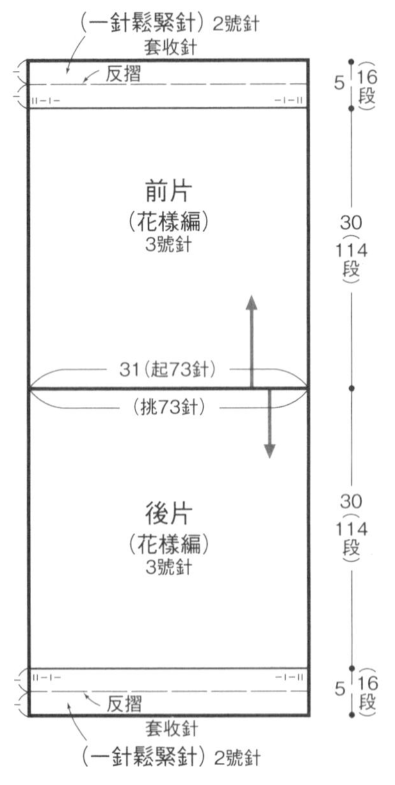

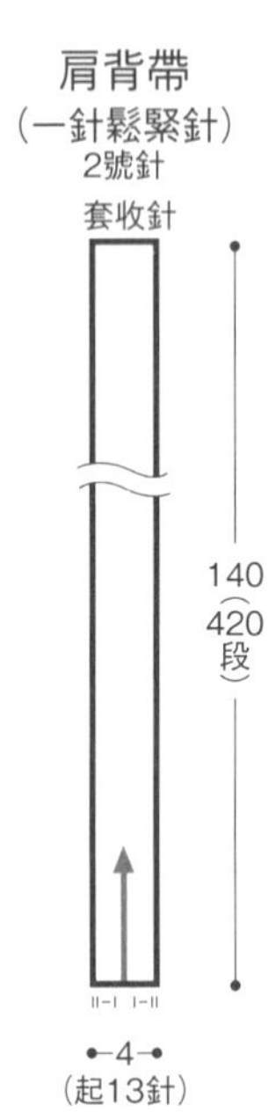

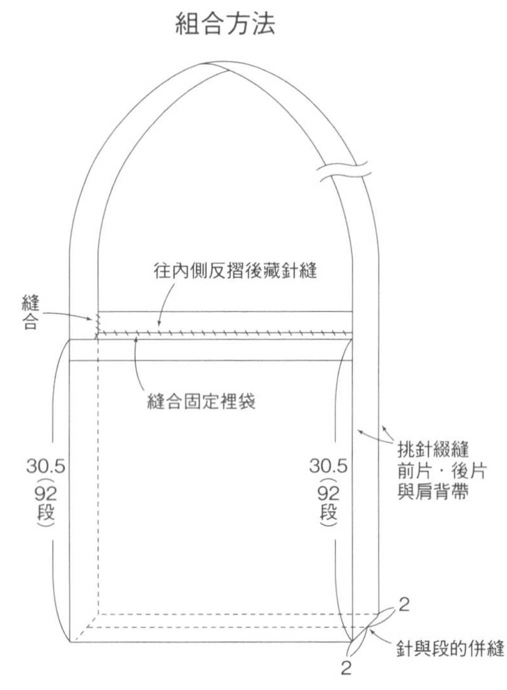

挑針綴縫

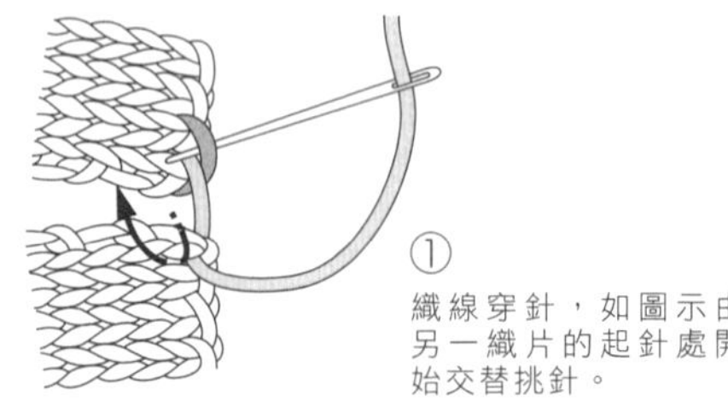

① 織線穿針，如圖示由另一織片的起針處開始交替挑針。

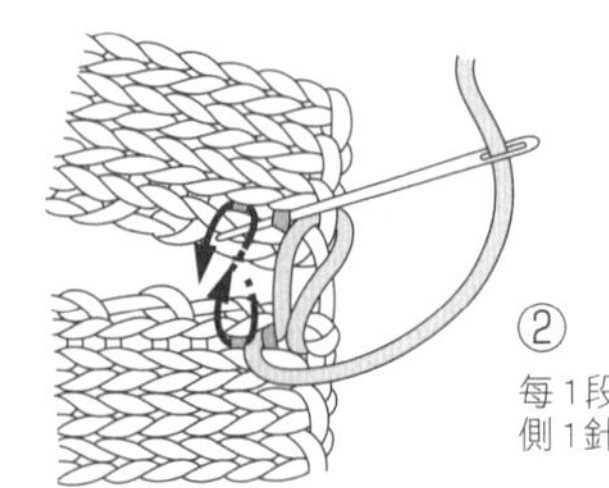

② 每1段交替挑縫邊端內側1針的渡線。

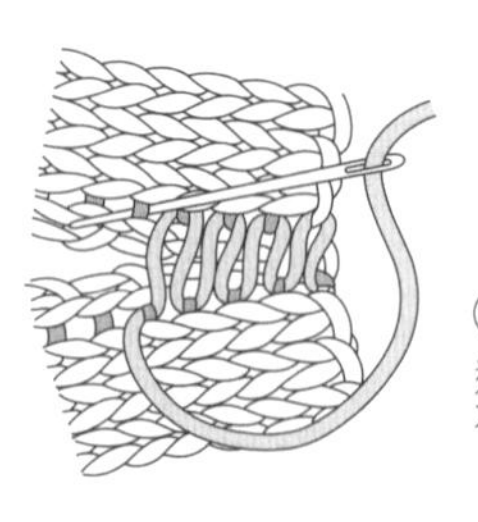

③ 逐一縫合，收緊至看不見縫線的程度。

捲加針

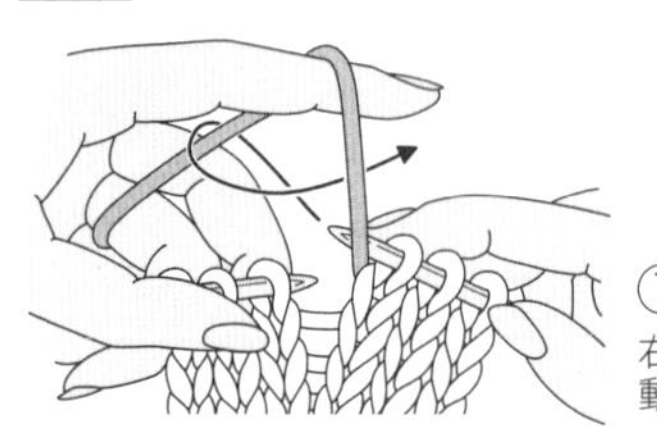

① 右棒針依箭頭指示轉動，捲繞織線。

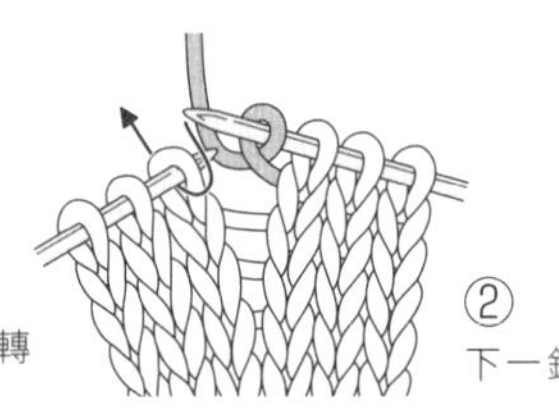

② 下一針織下針。

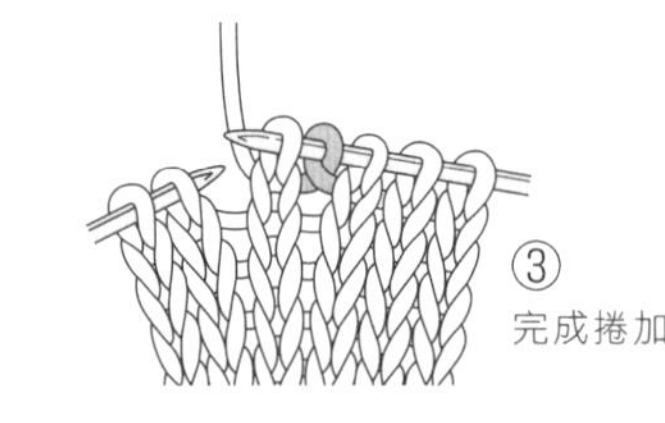

③ 完成捲加針。

花樣編

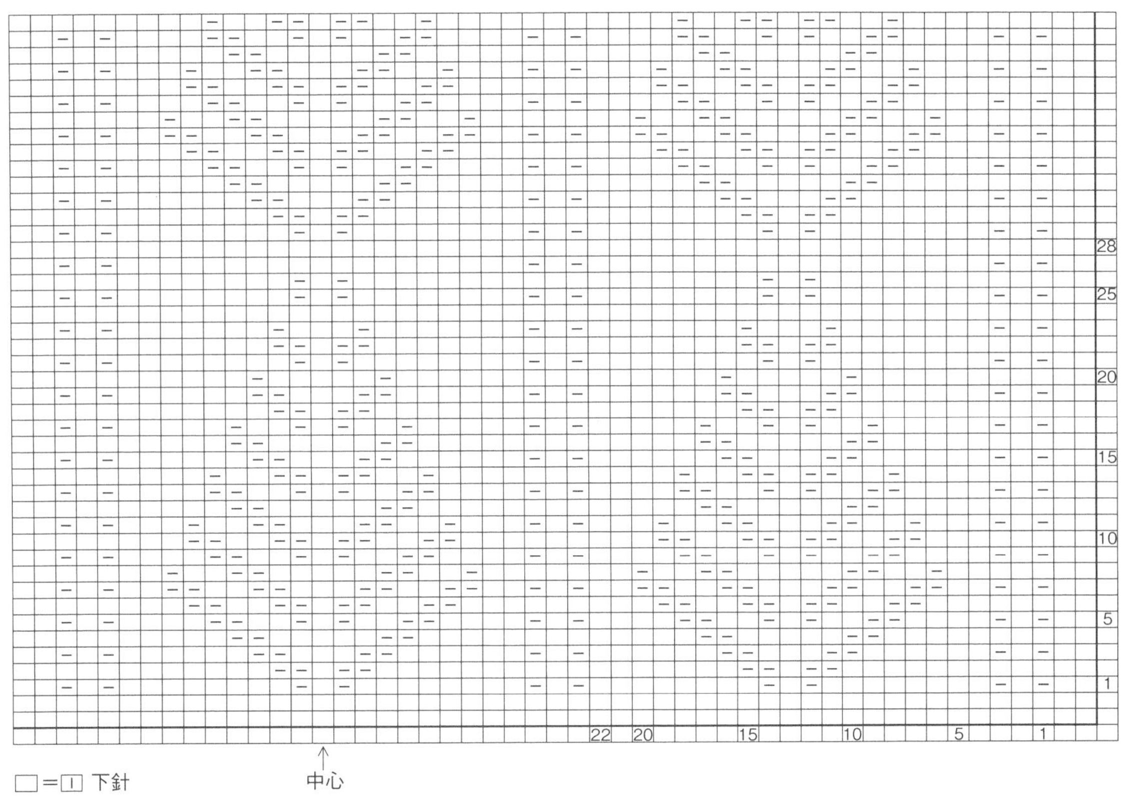

一針鬆緊針

□＝□ 下針

裡袋裁布圖

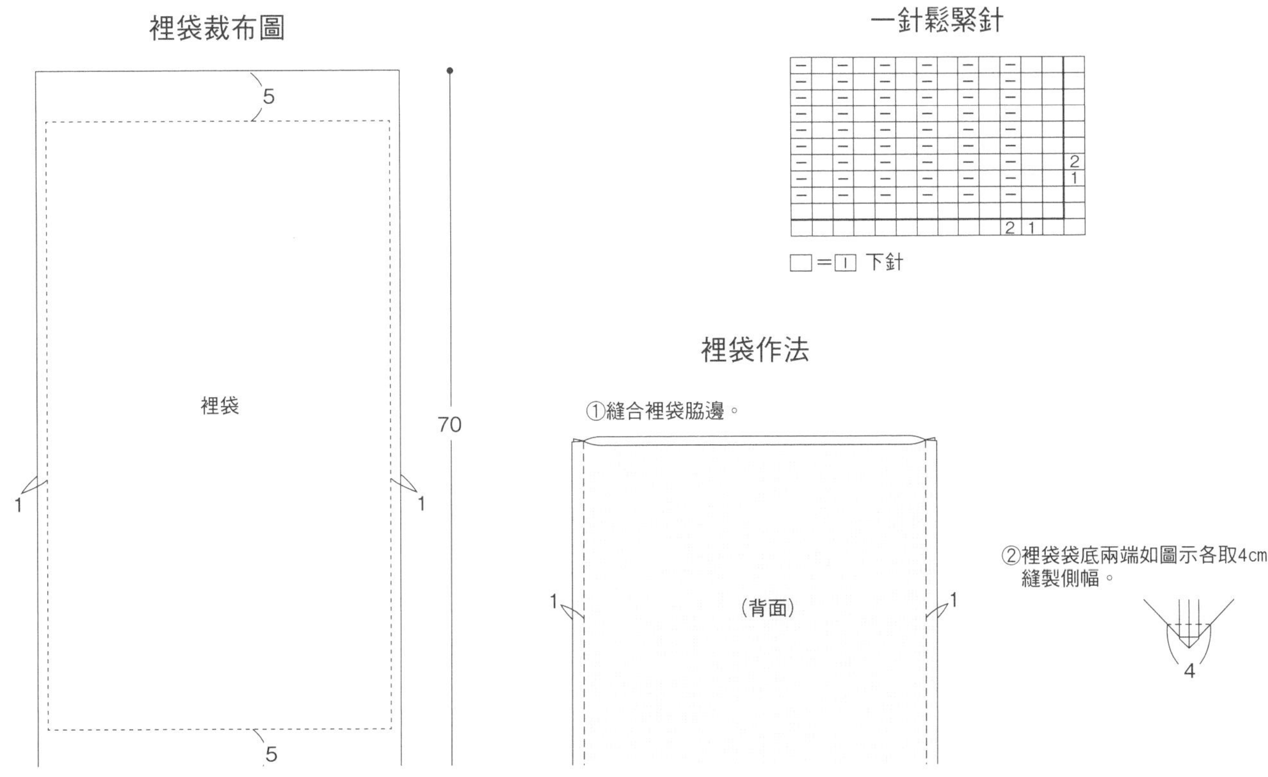

7 二針鬆緊針的尖帽&腕套組 →p.17

材料

ロングかすり(e-wool)(合太羊毛線)　藍綠色系(06)

〔帽子〕M / 60g、L / 70g,〔腕套〕M / 35g、L / 50g

用具

棒針3號、4號(起針)

完成尺寸

M/〔帽子〕頭圍51cm・高21cm,〔腕套〕手圍19cm・長17cm

L/〔帽子〕頭圍55cm・高22.5cm,〔腕套〕手圍21cm・長20.5cm

密度

10cm正方形=二針鬆緊針21針・36段

▸point

〔帽子〕手指掛線起針法開始編織,進行二針鬆緊針的輪編。參照織圖進行分散減針。最終段的針目每隔1針穿線,分2次全部穿線後縮口束緊(參照P.76)。織片的背面作為成品正面。

〔腕套〕手指掛線起針法開始編織,進行二針鬆緊針的輪編,在拇指處織入別線。收針是依前段針目織套收針,下針織下針套收,上針織上針套收。一邊解開拇指處的別線一邊挑針,織平面針,收針段織套收針。

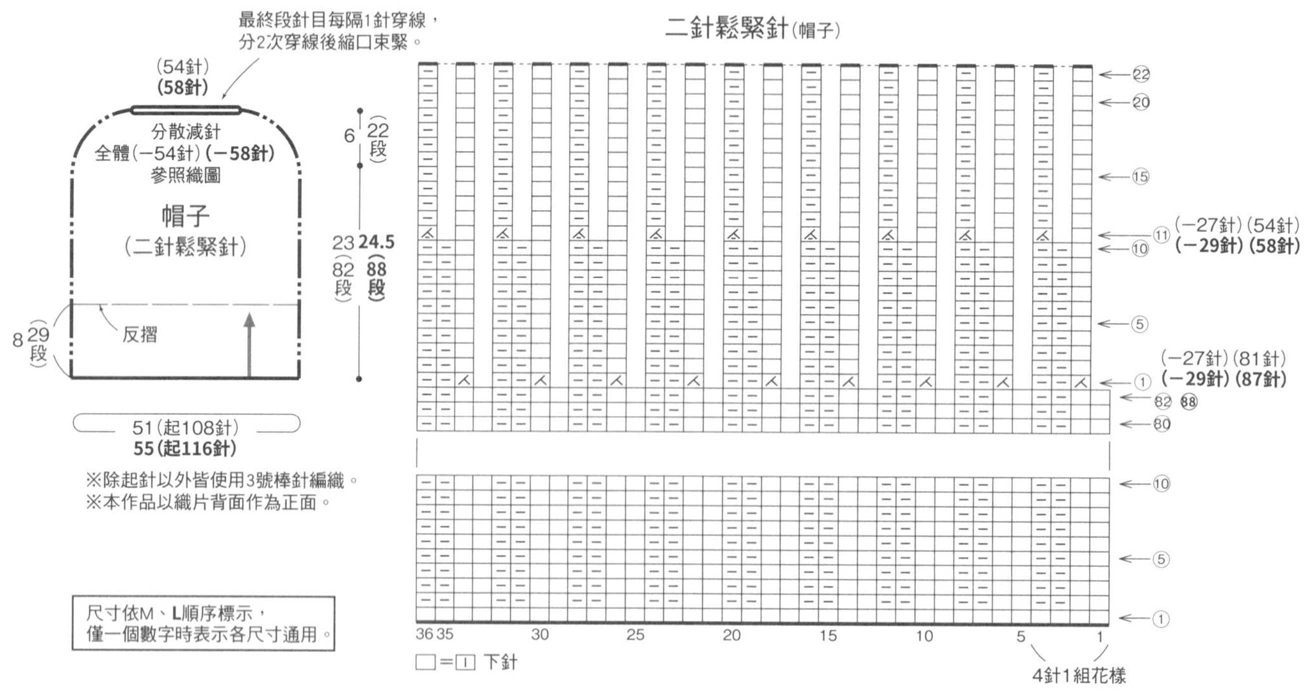

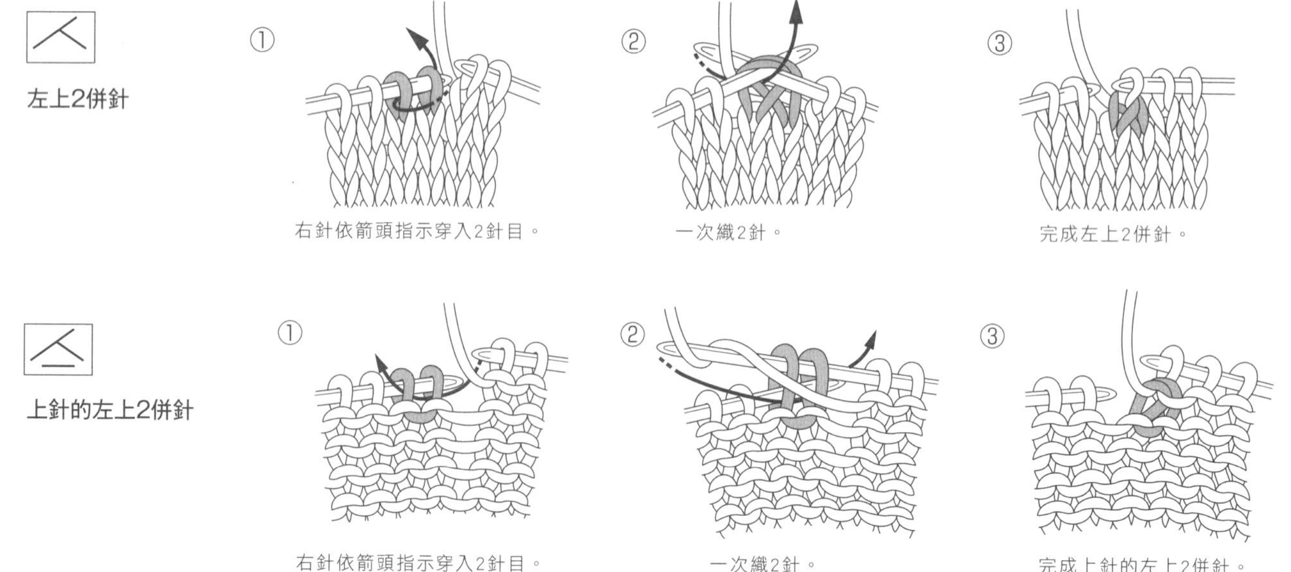

左上2併針

① 右針依箭頭指示穿入2針目。
② 一次織2針。
③ 完成左上2併針。

上針的左上2併針

① 右針依箭頭指示穿入2針目。
② 一次織2針。
③ 完成上針的左上2併針。

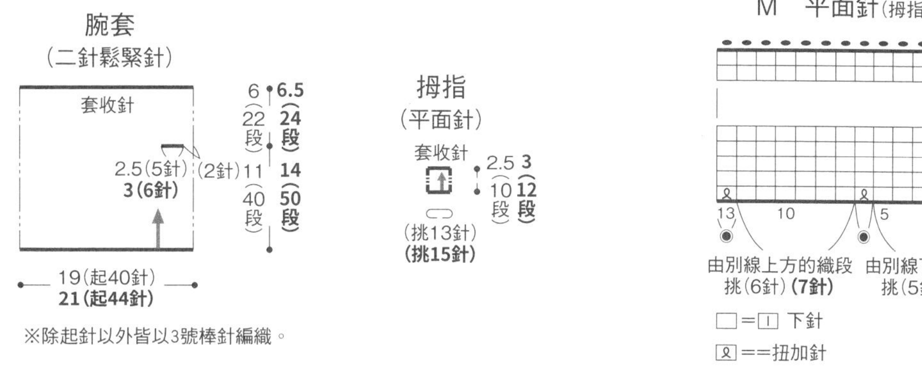

※除起針以外皆以3號棒針編織。

M 平面針(拇指)

□=□ 下針

ℓ==扭加針

●=挑針目之間的渡線，織1針扭針。

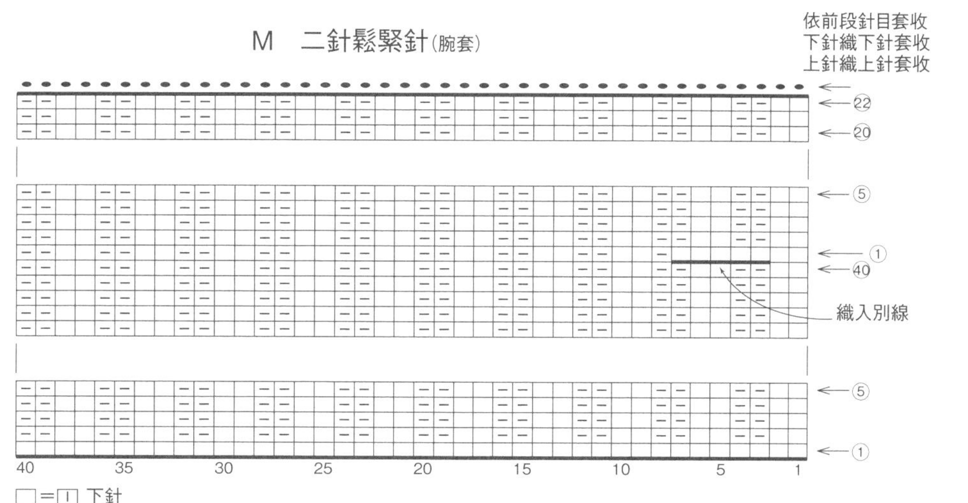

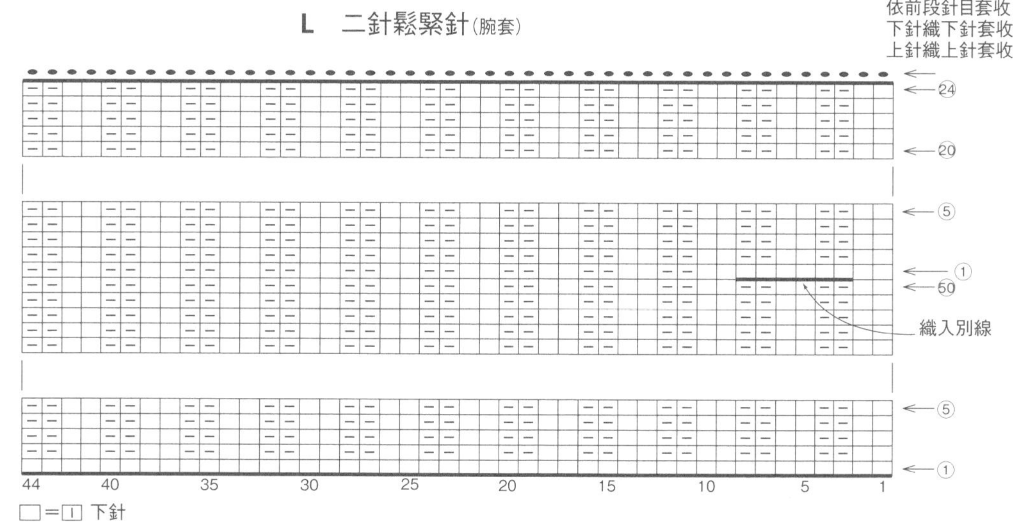

⑨ 組合交叉花樣的艾倫毛衣 →p.20-21

材料

Wool N（合太羊毛線）　原色（29）M / 485g、L / 570g、LL / 635g

用具

棒針5號、3號、4號（起針）

完成尺寸

M/ 胸圍92cm、衣長59.5cm、連肩袖長74cm

L/ 胸圍102cm、衣長63.5cm、連肩袖長77cm

LL/ 胸圍112cm、衣長67.5cm、連肩袖長82cm

密度

10cm正方形＝桂花針20針．31段，花樣編A、A'皆為1組花樣＝11針4.5cm，花樣編B為1組花樣＝13針5.5cm、花樣編C為1組花樣＝46針17cm，花樣編A．A'、B、C皆為10cm＝31段

▸point

身片．袖子…手指掛線起針法開始編織，依序進行扭針的一針鬆緊針、桂花針、花樣編A、A'、B、C的編織。袖下是在內側1針進行扭加針。拉克蘭線的減針是邊端算起的第2針與第3針作扭針的2併針。

組合…拉克蘭線、脇邊、袖下分別挑針綴縫，襠份進行平面針併縫。沿領口挑指定針數，以扭針的一針鬆緊針進行輪編。收針是依前段針目織套收針，下針織下針套收，上針織上針套收。

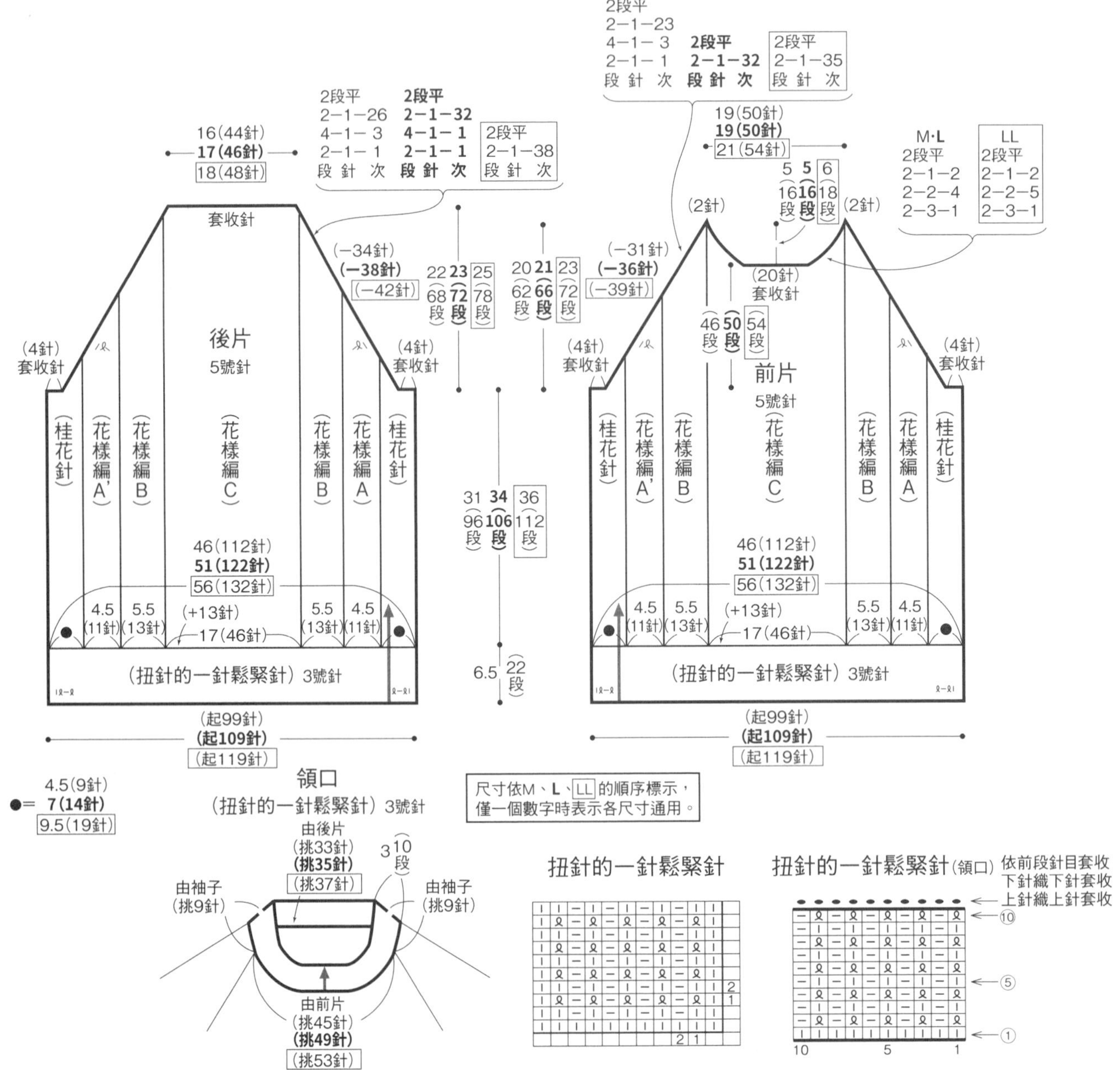

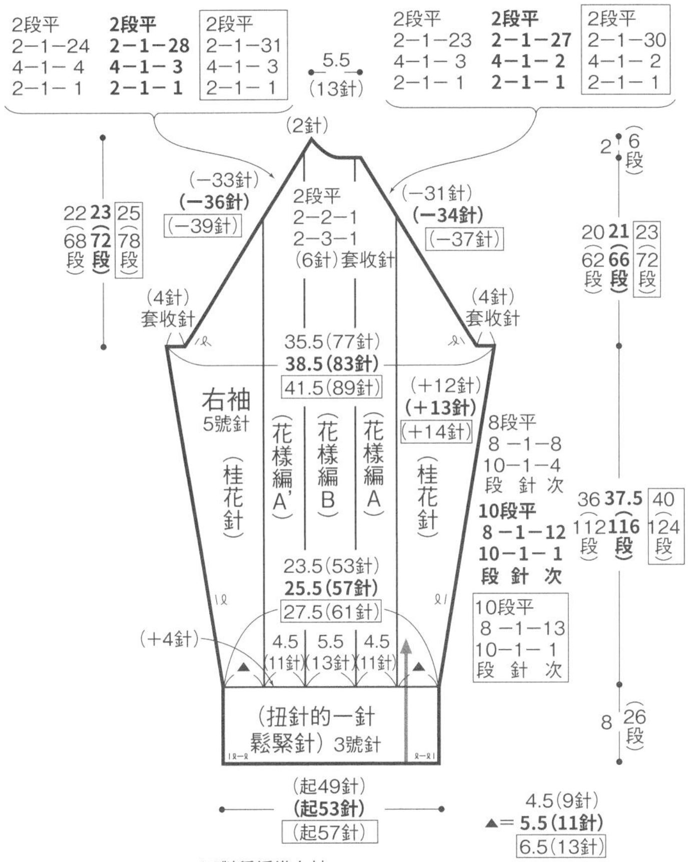

2段平 2-1-24 4-1-4 2-1-1
2段平 2-1-28 4-1-3 2-1-1
2段平 2-1-31 4-1-3 2-1-1

5.5 (13針)

2段平 2-1-23 4-1-3 2-1-1
2段平 2-1-27 4-1-2 2-1-1
2段平 2-1-30 4-1-2 2-1-1

(2針)

(−33針) **(−36針)** (−39針)

(−31針) **(−34針)** (−37針)

2段平
2-2-1
2-3-1
(6針)套收針

22 **23** 25
68 **72** 78
段 **段** 段

2 (6段)

20 **21** 23
62 **66** 72
段 **段** 段

(4針) 套收針

(4針) 套收針

35.5(77針)
38.5(83針)
41.5(89針)

右袖
5號針

(桂花針) (花樣編A') (花樣編B) (花樣編A) (桂花針)

(+12針) **(+13針)** (+14針)

8段平
8-1-8
10-1-4
段 針 次

10段平
8-1-12
10-1-1
段 針 次

10段平
8-1-13
10-1-1
段 針 次

36 **37.5** 40
112 **116** 124
段 **段** 段

23.5(53針)
25.5(57針)
27.5(61針)

(+4針)

4.5 (11針) 5.5 (13針) 4.5 (11針)

(扭針的一針鬆緊針) 3號針

8 (26段)

(起49針)
(起53針)
(起57針)

▲= 4.5(9針) **5.5(11針)** 6.5(13針)

※對稱編織左袖。

花樣編A

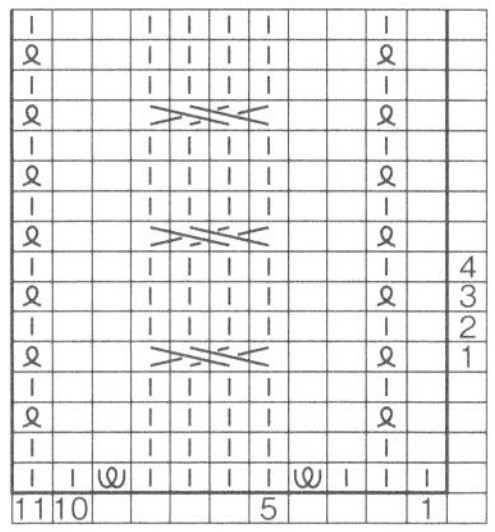

□=⊟ 上針

花樣編A'

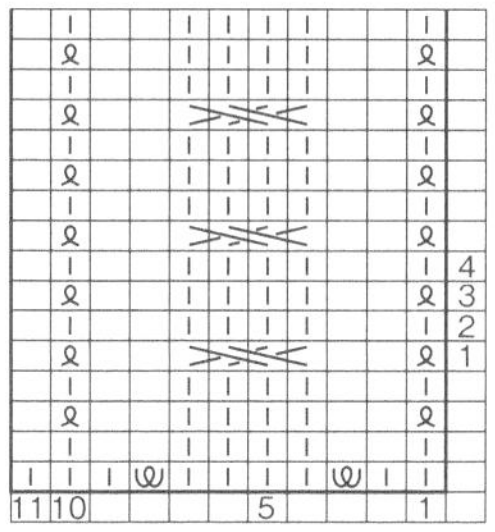

□=⊟ 上針

桂花針

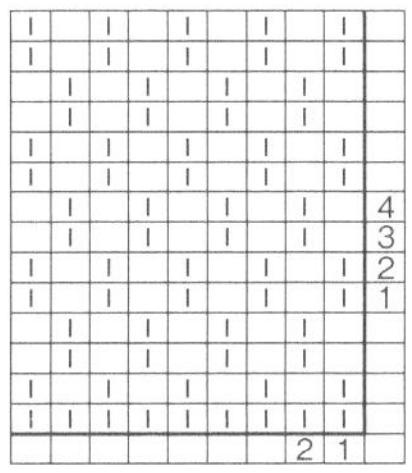

□=⊟ 上針

花樣編B

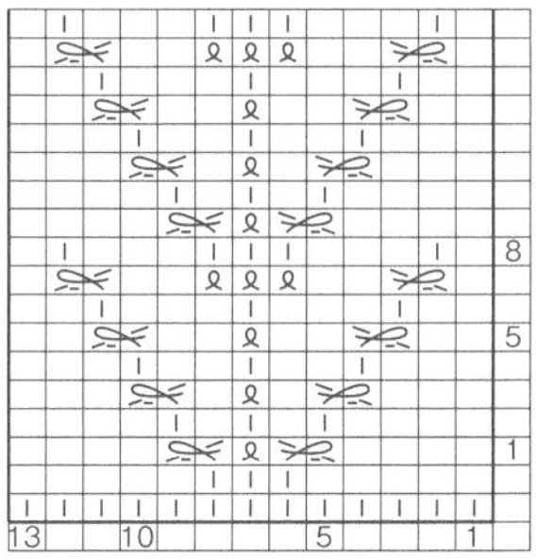

□=⊟ 上針

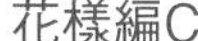

花樣編C

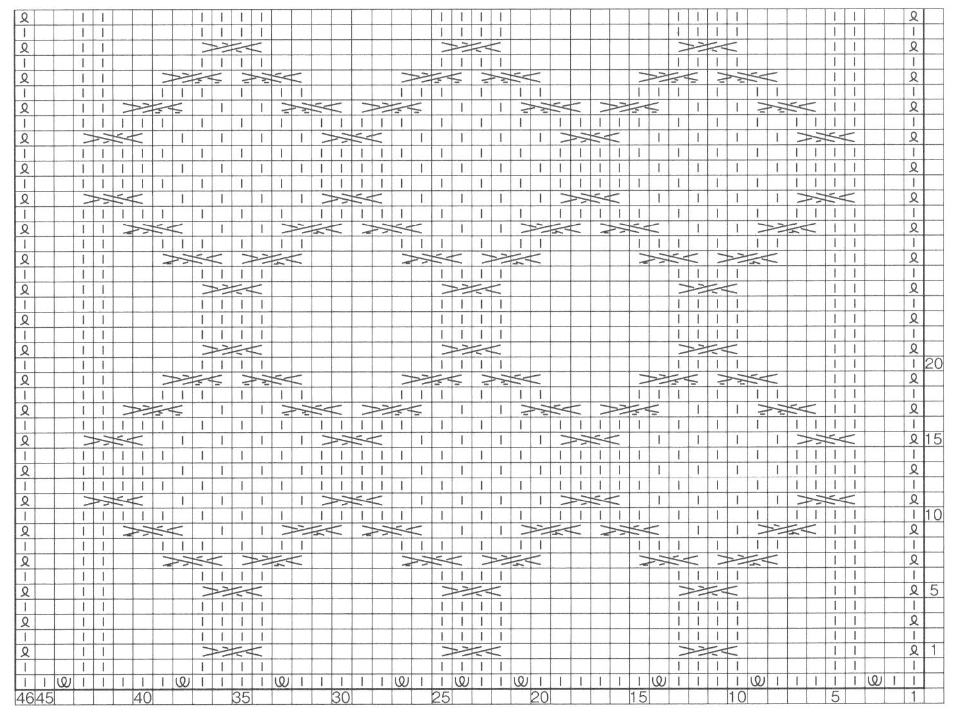

□=⊟ 上針

⑩ 扭針的交叉花樣開襟衫 →p.22-23

材料

Wool N（合太羊毛線）　灰黃線（40）M / 500g、L / 580g、直徑20mm鈕釦7顆

用具

棒針5號、3號、4號（起針）

完成尺寸

M/ 胸圍89cm、背肩寬33cm、衣長58cm、袖長58.5cm

L/ 胸圍97cm、背肩寬37cm、衣長61.5cm、袖長60cm

密度

10cm正方形＝桂花針20針‧29段，花樣編A為1組花樣＝37針14.5cm、花樣編B為1組花樣＝21針8cm、A、B皆為10cm＝29段

▸point

身片‧袖子…手指掛線起針法開始編織，依序進行扭針的一針鬆緊針、桂花針、花樣編A、B的編織。袖下是在內側1針進行扭加針。

組合…肩部一邊減針，一邊進行套收針併縫。脇邊、袖下分別挑針綴縫。沿領口挑指定針數，織扭針的一針鬆緊針，收針段織套收針。前立起針方式同身片，織一針鬆緊針。收針依前段針目織套收針，下針織下針套收，上針織上針套收。挑針綴縫接合前立與身片。領子往背面反摺後，以藏針縫固定。袖子與身片進行引拔收縫接合，縫上鈕釦即完成。

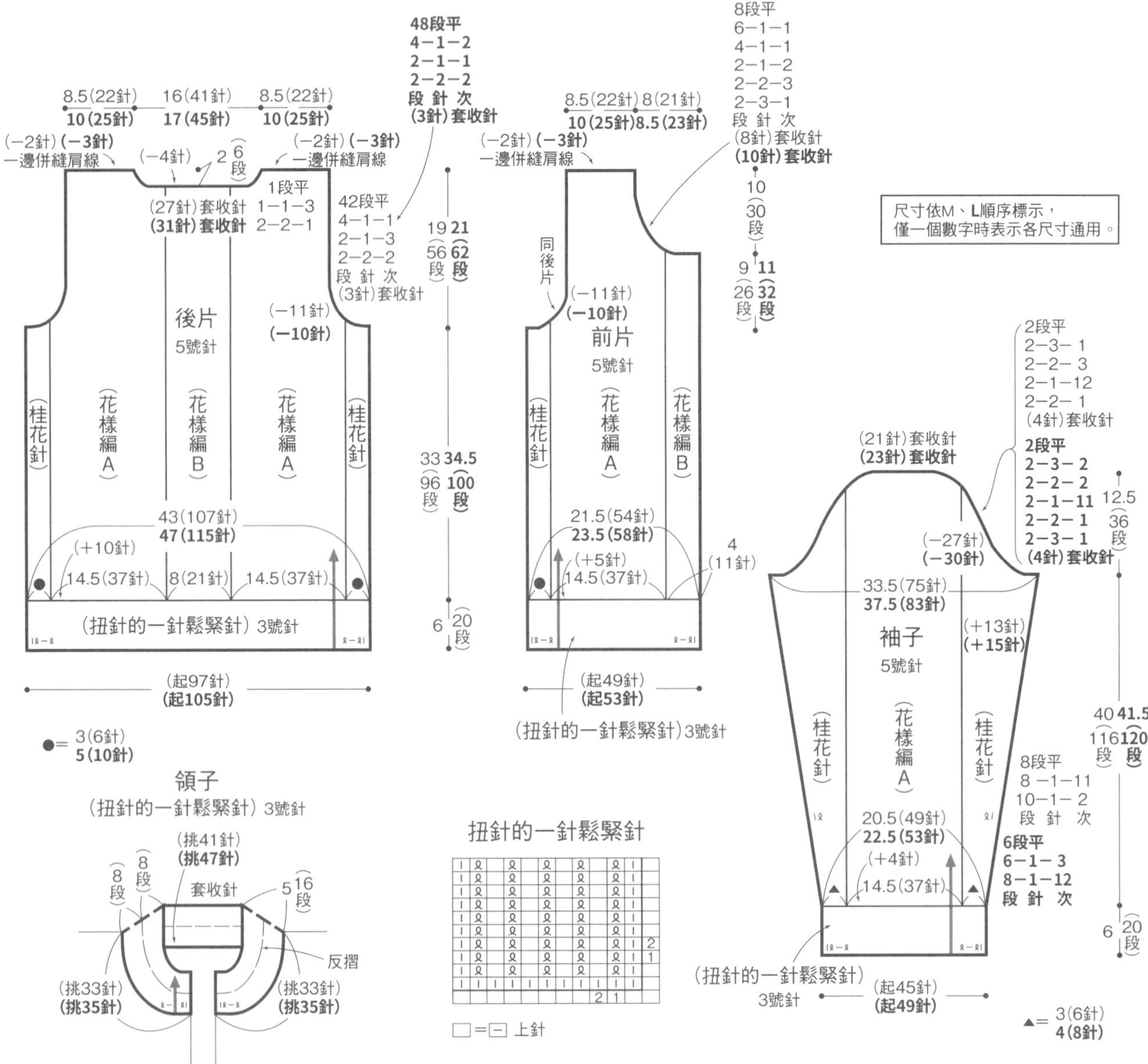

花樣編A

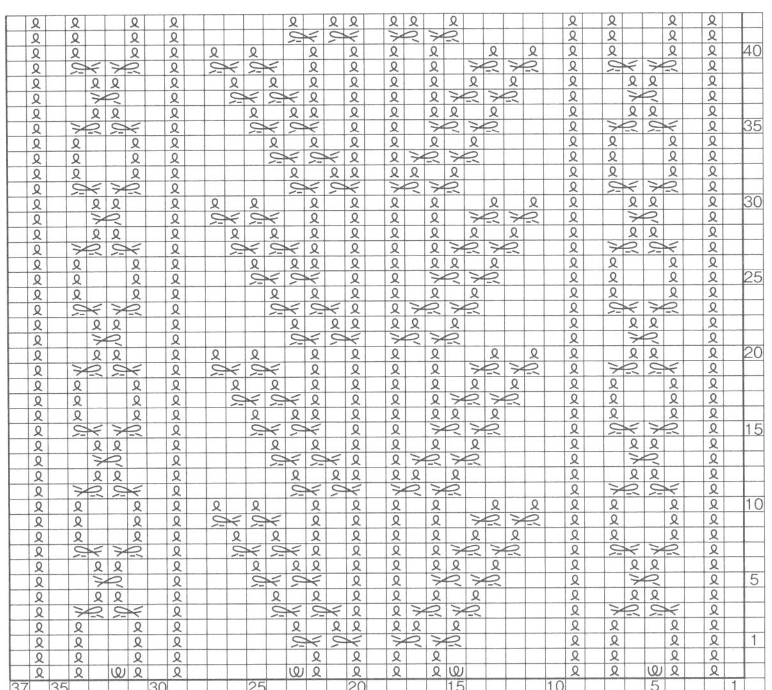

□=⊟ 上針

桂花針

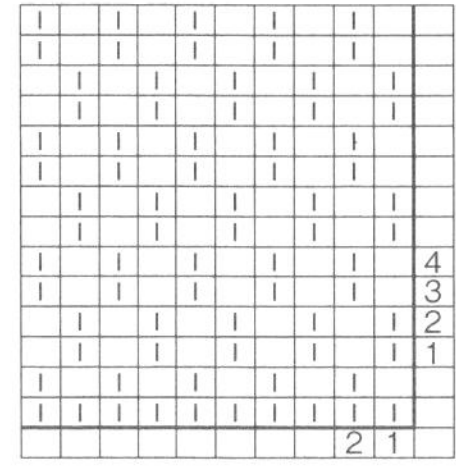

□=⊟ 上針

花樣編B

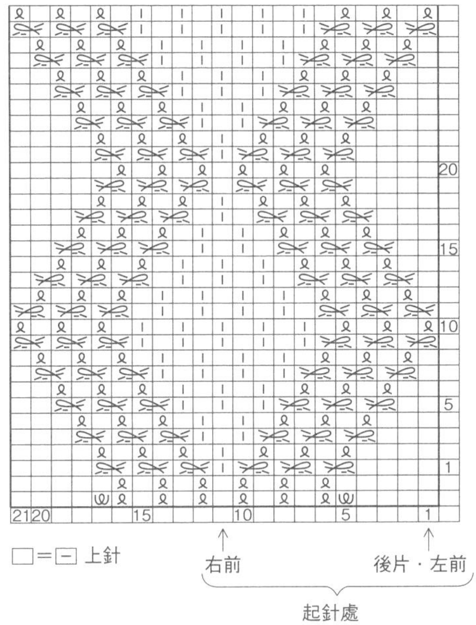

□=⊟ 上針

右前立

（一針鬆緊針）3號針

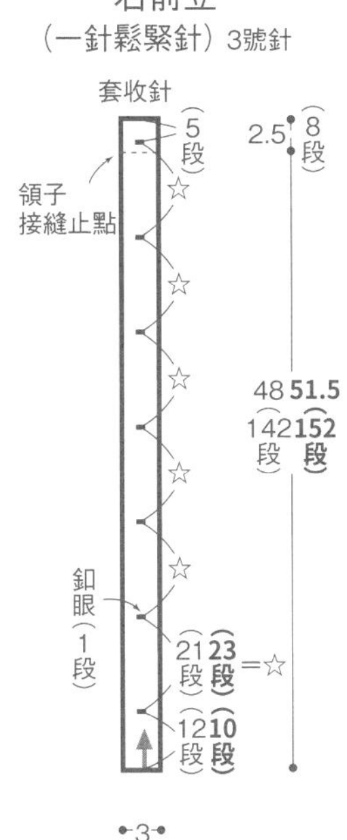

※以相同方式編織左前立，但不開釦眼。

釦眼

（右前立）

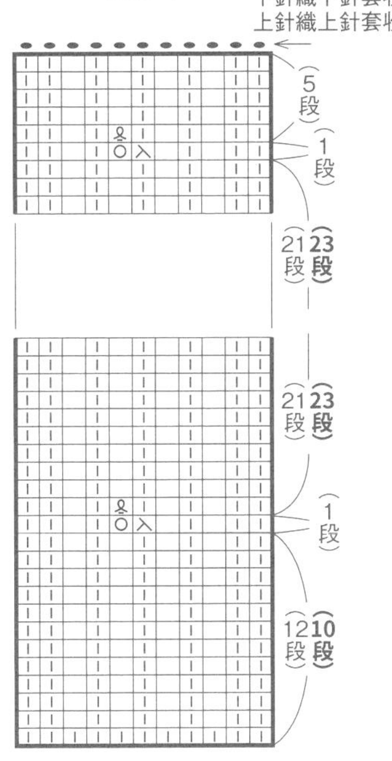

□=⊟ 上針

組合方法

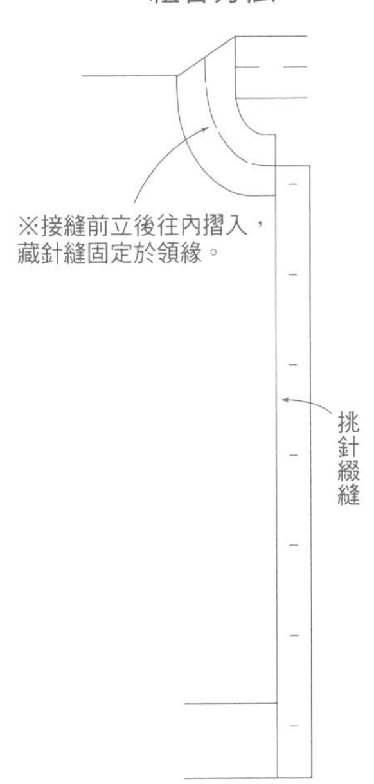

11 肩襠花樣剪接的圓領毛衣 →p.24-25

材料

Moke Wool A（合太羊毛線）　帶綠褐（06）M / 310g、L / 345g、LL / 385g

用具

棒針4號、3號、2號、3號（起針）

完成尺寸

M/ 胸圍90㎝、背肩寬34㎝、衣長57㎝、袖長57.5㎝

L/ 胸圍98㎝、背肩寬38㎝、衣長59.5㎝、袖長59.5㎝

LL/ 胸圍104㎝、背肩寬40㎝、衣長64㎝、袖長62㎝

密度

10㎝正方形＝平面針27針・37段，花樣編A 27針・40段，花樣編B 27針・38段

▸point

身片・袖子…手指掛線起針法開始編織，依序進行二針鬆緊針、花樣編A、B、平面針的編織。肩部僅後片進行減針，製作肩斜。袖下是在內側1針進行扭加針。

組合…肩部進行針與段的併縫，脇邊、袖下分別挑針綴縫。沿領口挑指定針數，進行二針鬆緊針的輪編。收針依前段針目織套收針，下針織下針套收，上針織上針套收。引拔收縫接合袖子與身片即完成。

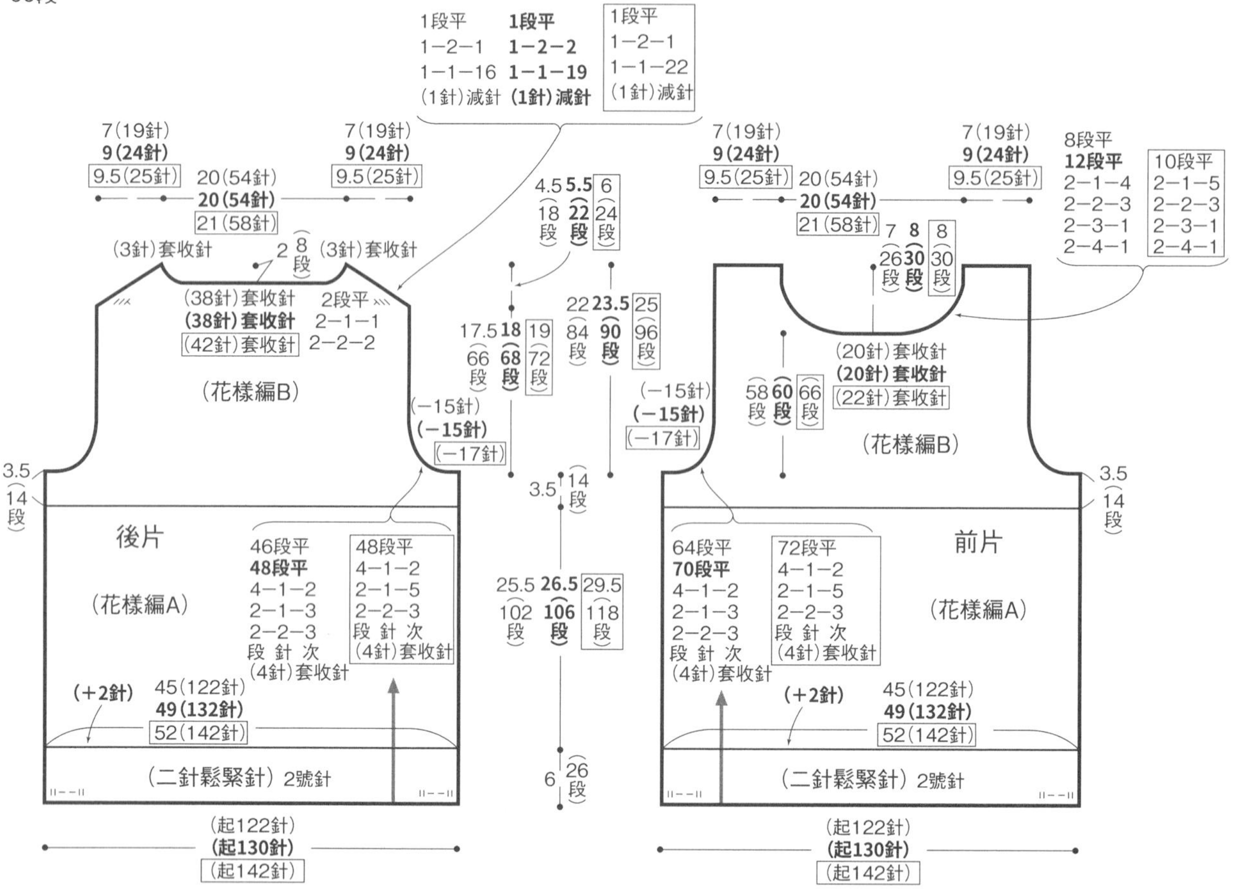

後片 / 前片

※除指定以外，皆以4號棒針編織。

尺寸依M、**L**、LL的順序標示，僅一個數字時表示各尺寸通用。

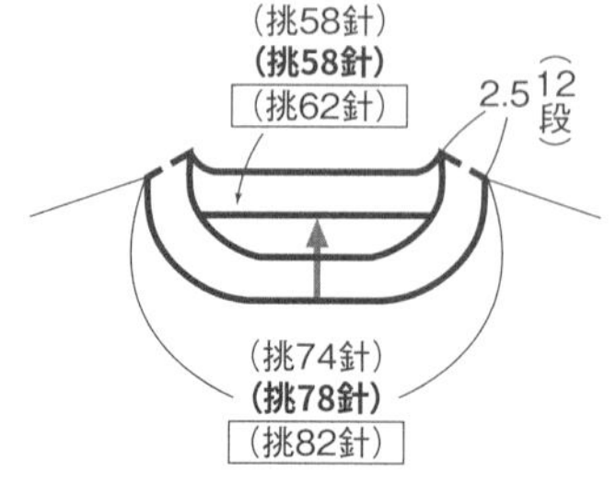

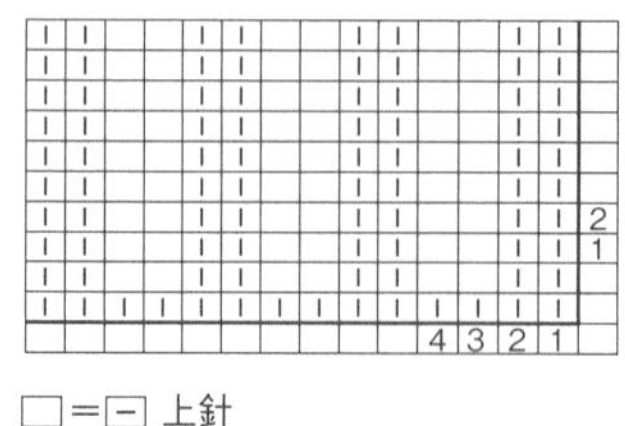

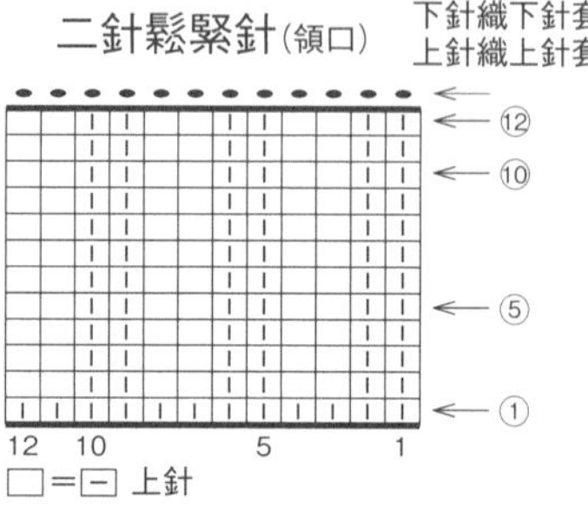

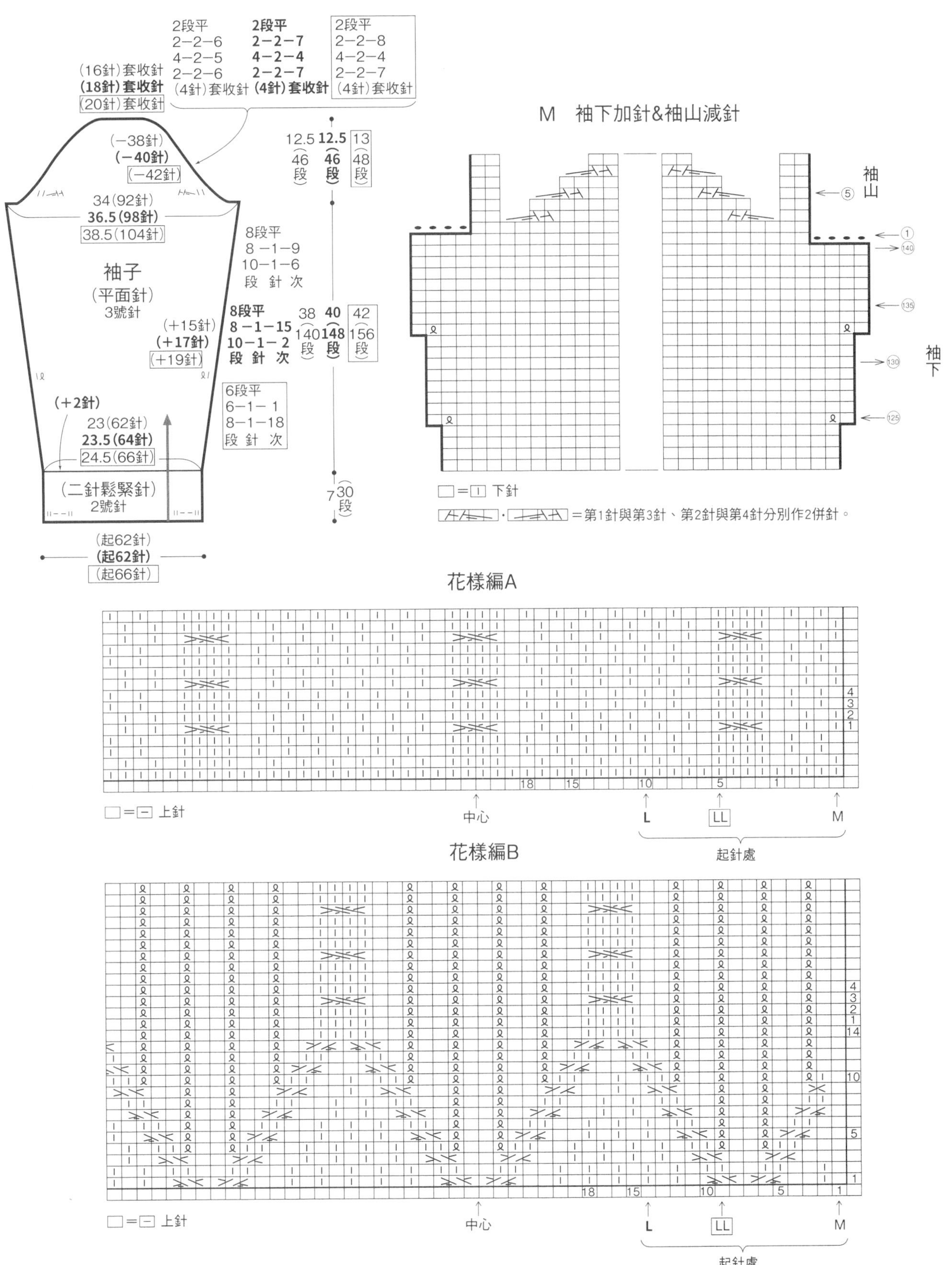

2段平
2-2-6
4-2-5
2-2-6
(4針)套收針
2段平
2-2-7
4-2-4
2-2-7
(4針)套收針
2段平
2-2-8
4-2-4
2-2-7
(4針)套收針
(16針)套收針
(18針)套收針
(20針)套收針
(-38針)
(-40針)
(-42針)
34(92針)
36.5(98針)
38.5(104針)
袖子
(平面針)
3號針
8段平
8-1-9
10-1-6
段 針 次
8段平
8-1-15
10-1-2
段 針 次
(+15針)
(+17針)
(+19針)
6段平
6-1-1
8-1-18
段 針 次
(+2針)
23(62針)
23.5(64針)
24.5(66針)
(二針鬆緊針)
2號針
(起62針)
(起62針)
(起66針)
12.5 12.5 13
46段 46段 48段
38 40 42
140段 148段 156段
7 30段
M 袖下加針&袖山減針
袖山
袖下
①
⑤
140
135
130
125
□=▯ 下針
=第1針與第3針、第2針與第4針分別作2併針。
花樣編A
4
3
2
1
18
15
10
5
1
□=⊟ 上針
中心
L
LL
M
起針處
花樣編B
4
3
2
1
14
10
5
1
18
15
10
5
1
□=⊟ 上針
中心
L
LL
M
起針處

●接續P.72

●接續P.71（作品11）

M 後領圍

套收針
⑧
⑤
⑱
⑮
⑩
⑤
①
66
65
60
袖襱
⑳
⑮
⑩
⑤
①
⑭
⑩
⑤
①
102
100
中心

□＝⊟ 上針

L 肩斜

套收針
⑧
⑤
22
20
15
10
5
1
68
65

□＝⊟ 上針

LL 肩斜

套收針
⑧
⑤
24
20
15
10
5
1
72
70

□＝⊟ 上針

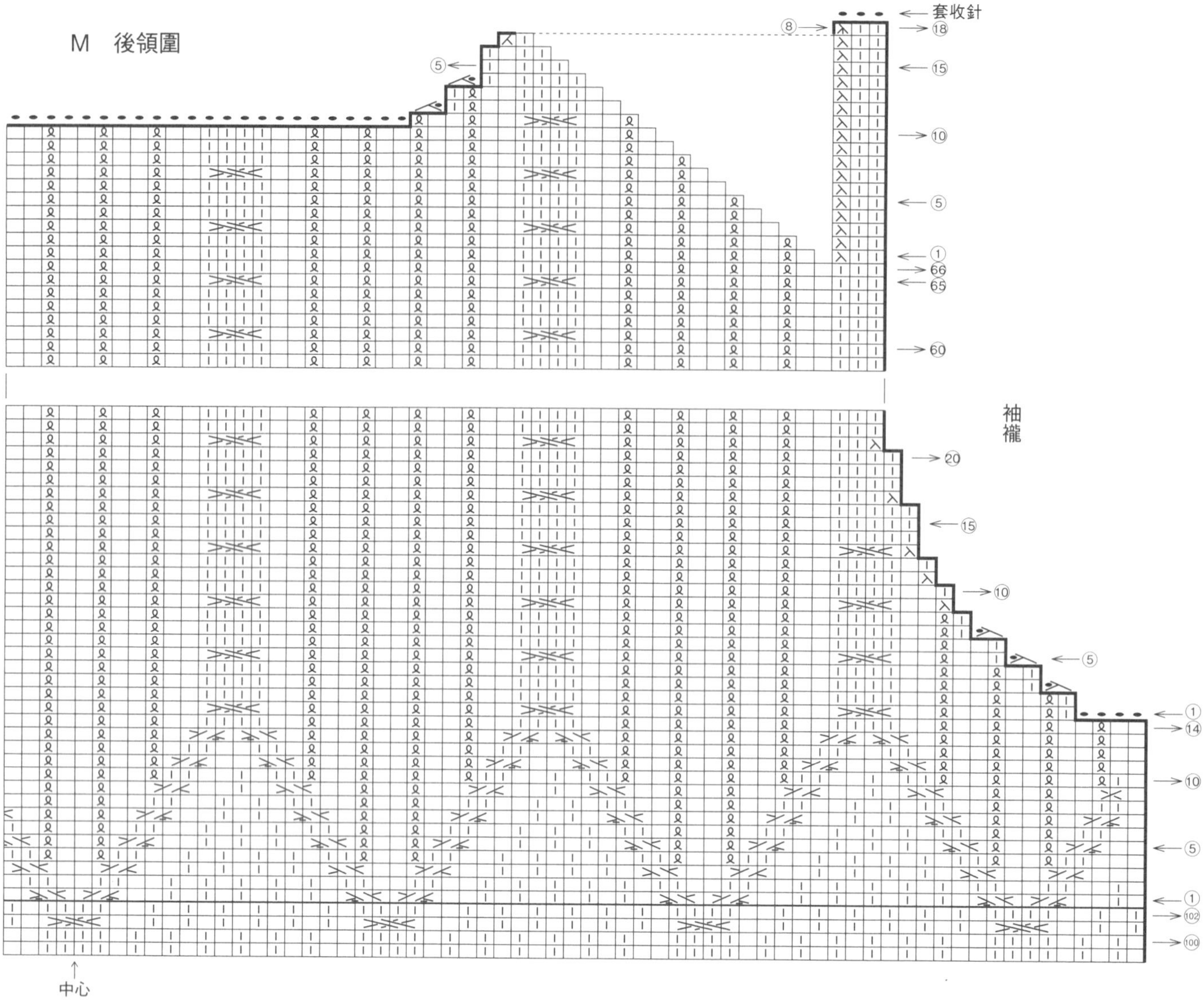

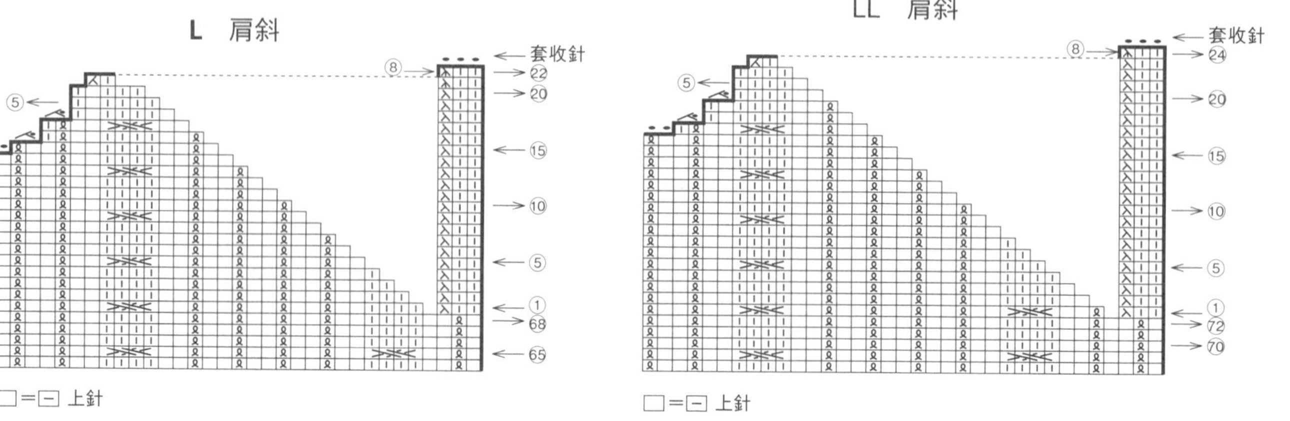

⑫ 菱格麻花的新月領夾克 →p.26-27

材料

T Honey Wool（並太羊毛線・安哥拉毛線）　灰色・茶色系（16）M / 515g、L/ 580g、LL / 665g，直徑22㎜鈕釦6顆

用具

棒針8號、6號、7號（起針）

完成尺寸

M/ 胸圍98cm、衣長61.5cm、連肩袖長73.5cm

L/ 胸圍108cm、衣長65.5cm、連肩袖長79cm

LL/ 胸圍118cm、衣長68.5cm、連肩袖長83cm

密度

10cm正方形＝花樣編21針・26段、桂花針16針・26段

▸point

身片・袖子…手指掛線起針法開始編織，依序進行二針鬆緊針、桂花針、花樣編的編織。拉克蘭線是挑邊緣3針進行減針，袖下是在內側1針進行扭加針。在口袋位置織入別線。

組合…一邊解開口袋的別線一邊挑針，編織口袋後片與口袋口，口袋後片以捲針縫固定於身片。脇邊、袖下、拉克蘭線、口袋口兩端分別進行挑針綴縫，襠份進行平面針併縫。右領＆前立起針方式同身片，織一針鬆緊針。收針依前段針目織套收針，下針織下針套收，上針織上針套收。左領＆前立是看著右領正面挑針，對稱編織。領子＆前立與身片、袖子依圖示進行挑針綴縫、針與段的併縫接合。縫上鈕釦即完成。

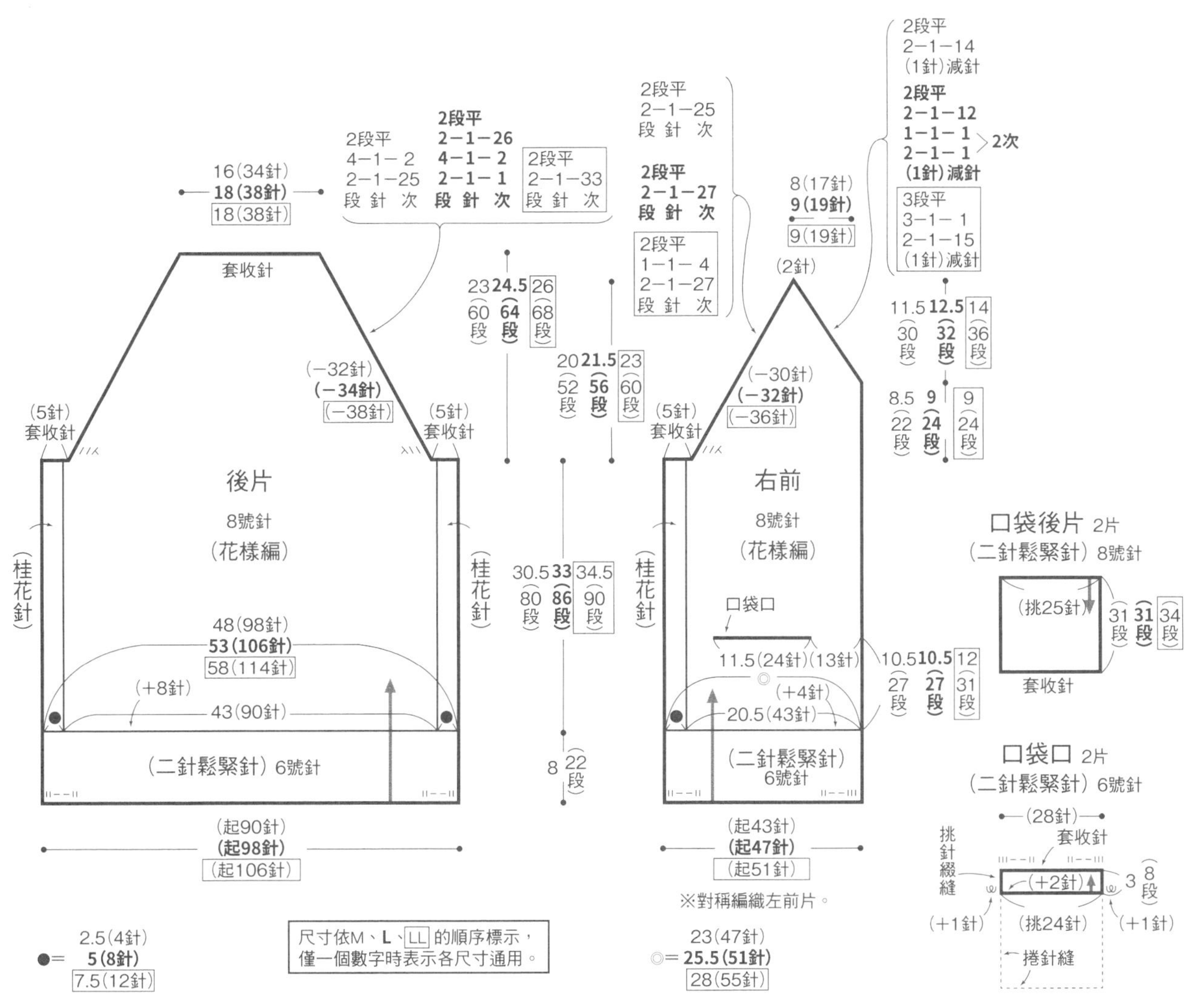

●接續P.74

●接續P.73(作品12)

花樣編(後片)

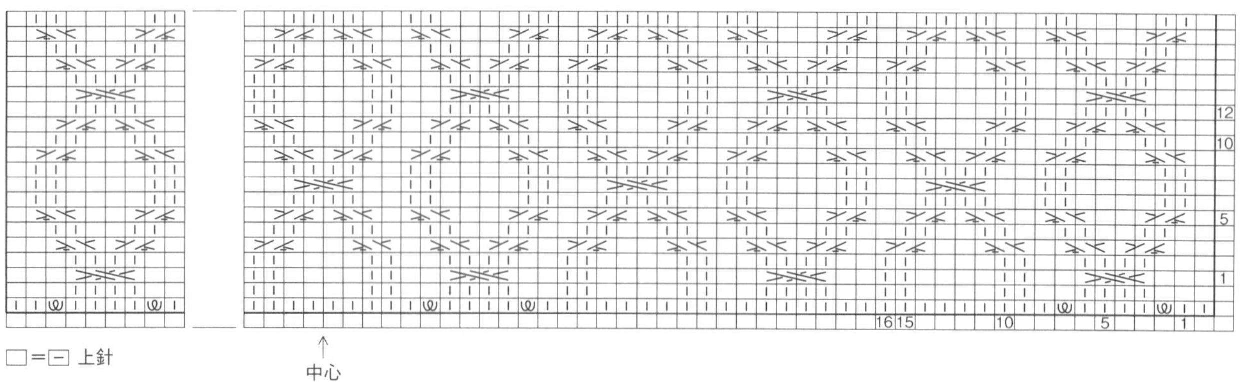

花樣編(右前片)

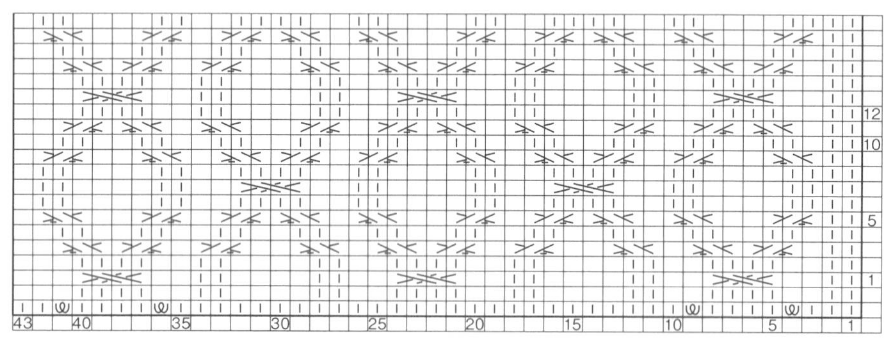

桂花針

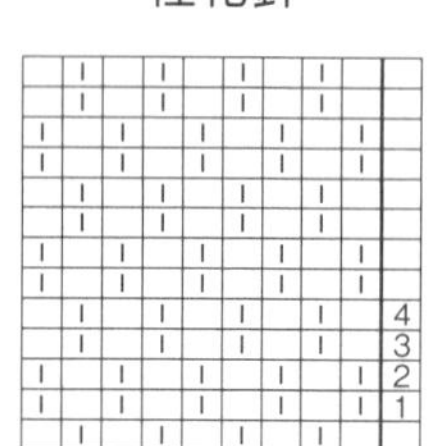

□=□ 上針

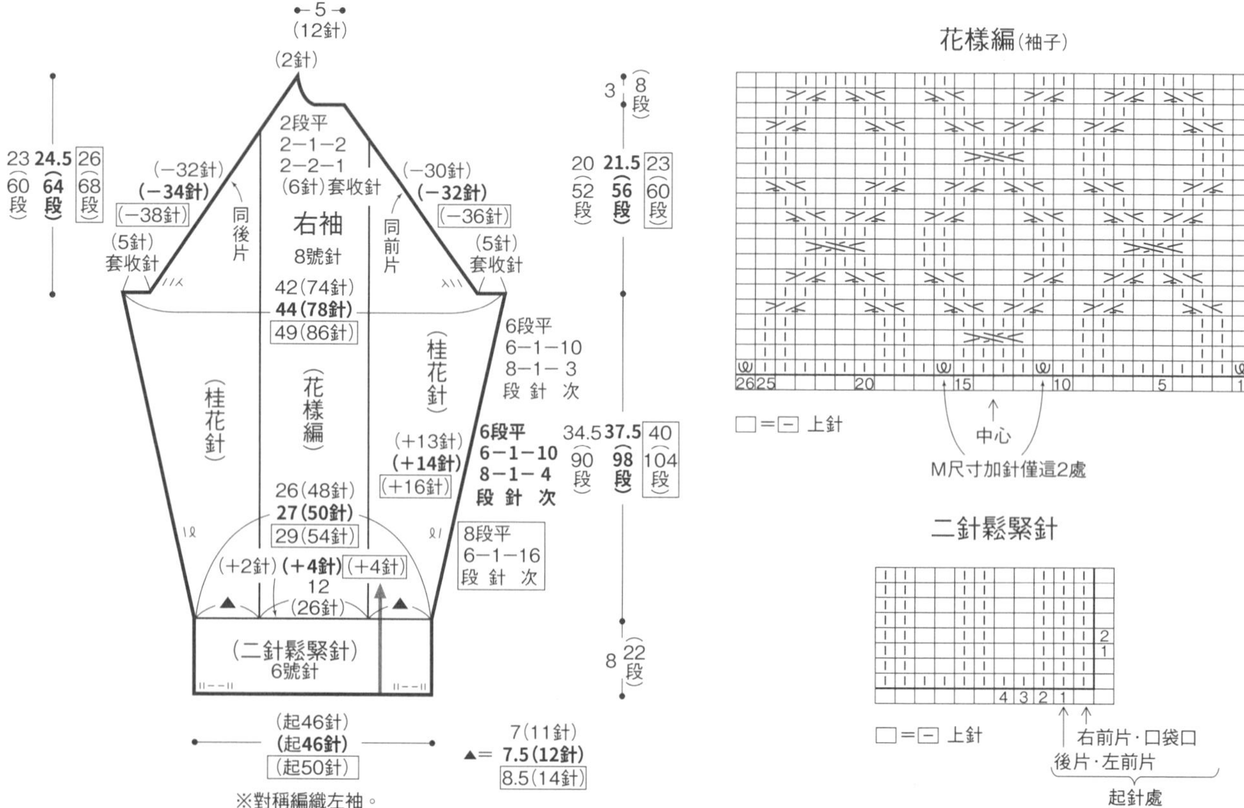

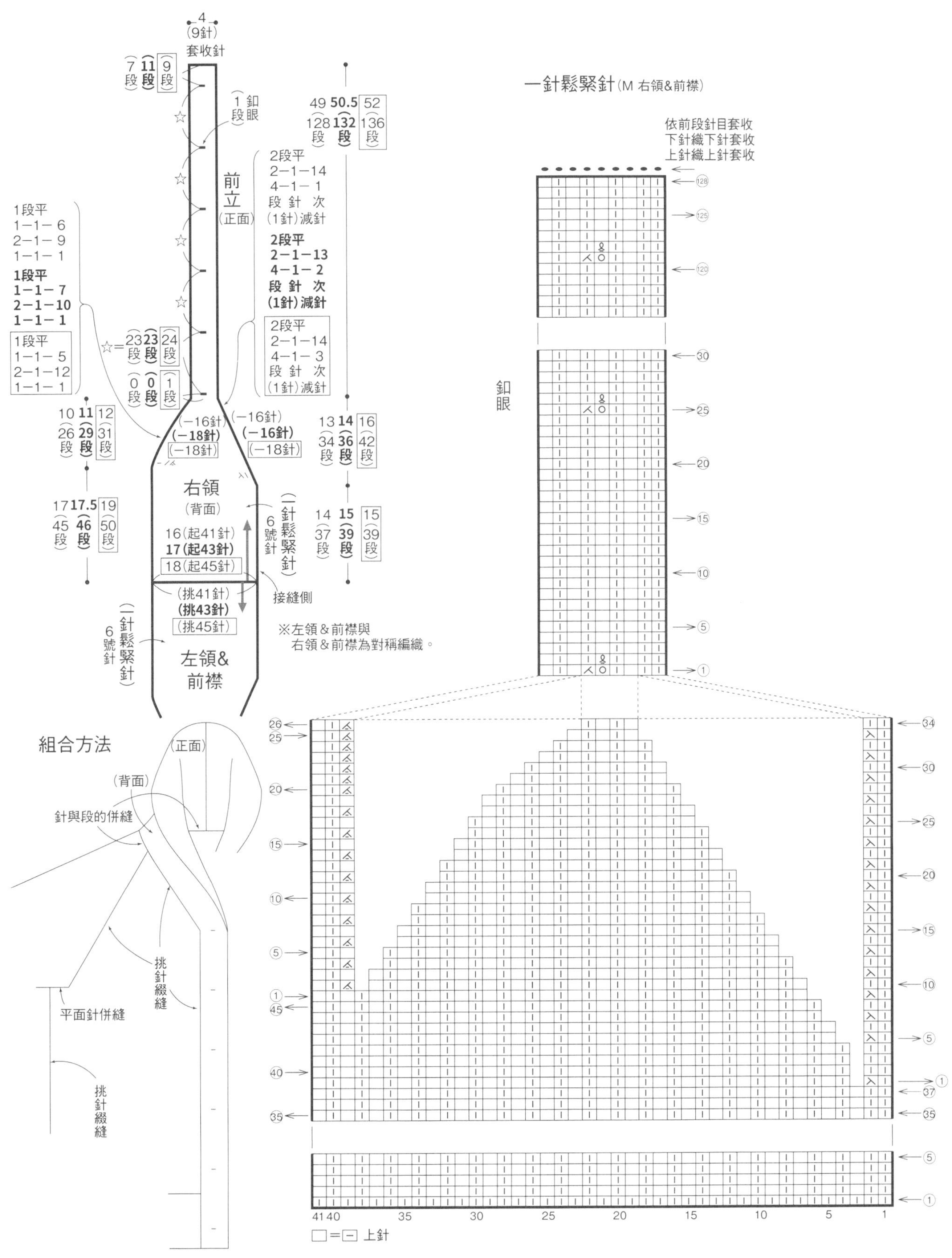
4
(9針)
套收針
前立
(正面)
釦眼
右領
(背面)
左領&
前襟
一針鬆緊針
6號針
接縫側
※左領＆前襟與
右領＆前襟為對稱編織。
組合方法
(正面)
(背面)
針與段的併縫
挑針綴縫
平面針併縫
一針鬆緊針(M 右領&前襟)
依前段針目套收
下針織下針套收
上針織上針套收
□=⊟ 上針

⑬ 扭針的一針鬆緊針帽子 →p28-29

材料

Sofia Wool（中細羊毛線）　〔紅色〕紅色（09）M / 75g、L / 115g·〔雲霧紋〕藍色（11）、淺灰（20）M / 各35g、L / 各40g

用具

棒針6號、7號（起針）

完成尺寸

M/ 頭圍47cm、高〔紅色〕23cm·〔雲霧紋〕25cm

L/ 頭圍51cm、高〔紅色〕23.5cm·〔雲霧紋〕25.5cm

密度

10cm正方形＝一針鬆緊針28針·31段

▸point

皆取雙線編織。手指掛線起針法開始編織，以扭針的一針鬆緊針進行輪編，參照織圖分散減針。最終段的針目每隔1針穿線，分2次全部穿線後縮口束緊（參照P.76）。

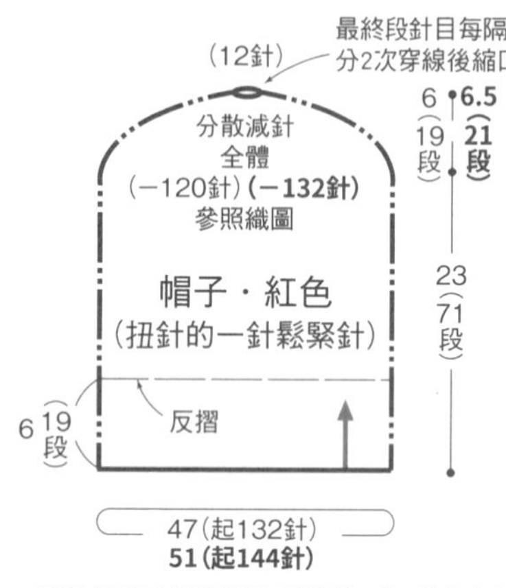

※除起針以外皆使用6號棒針，取2條紅色線編織。

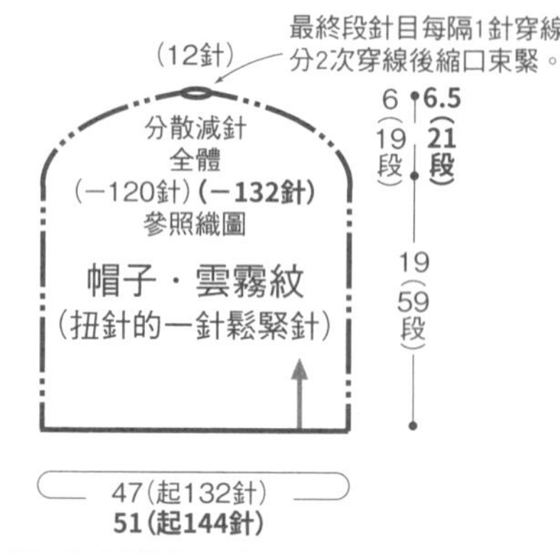

※除起針以外皆使用6號棒針，取藍色與淺灰色線各1條編織。

尺寸依M、L順序標示，
僅一個數字時表示各尺寸通用。

扭針的右上3併針

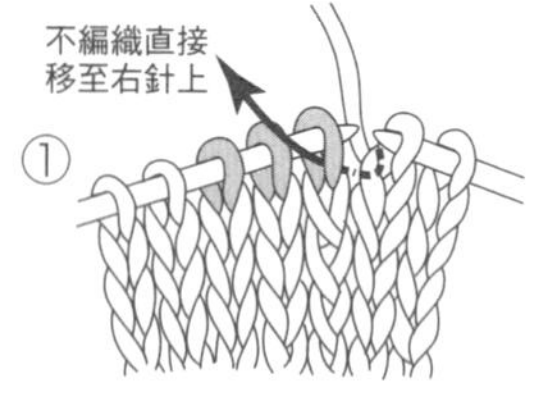

棒針依箭頭指示穿入第1針，不編織直接移至右針上。

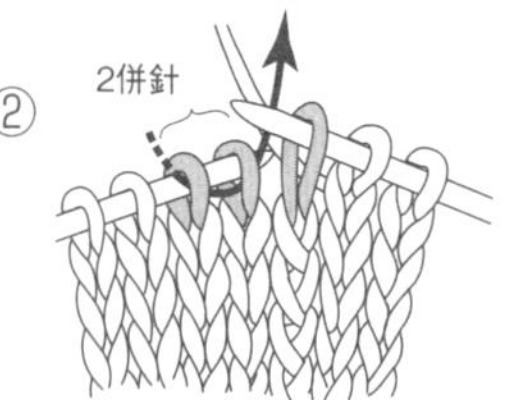

右針依箭頭指示穿入下2針，一起編織2針目。

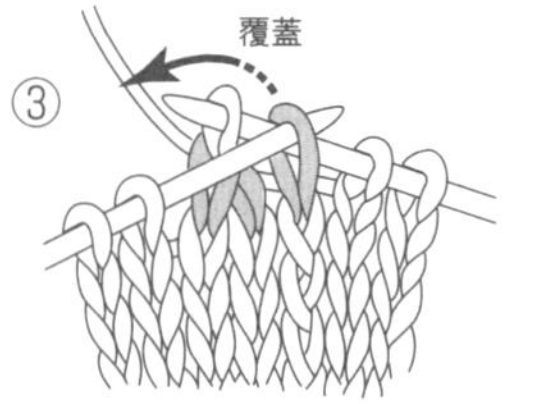

左針挑起直接移動的針目，套在織好的針目上。

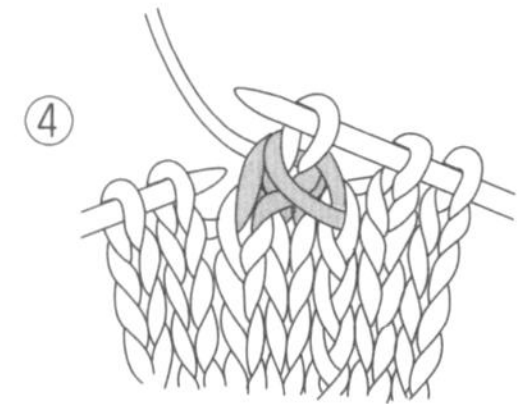

完成扭針的右上3併針。

最終段針目穿線的縮口束緊

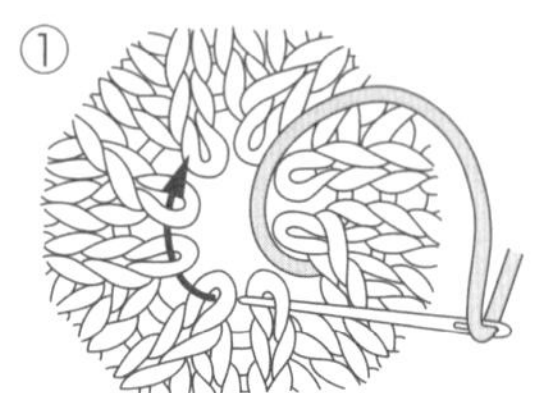

將收針段的織線穿入毛線針。

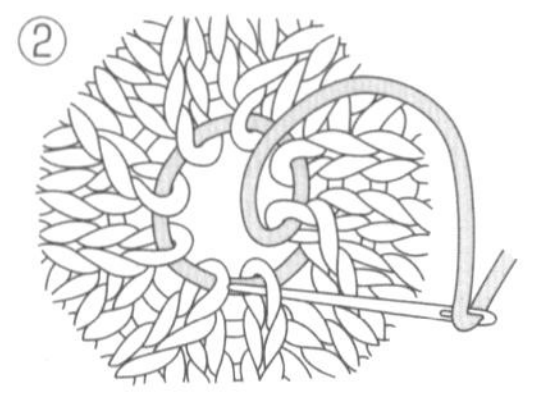

最終段所有針目如圖示穿入織線2次。

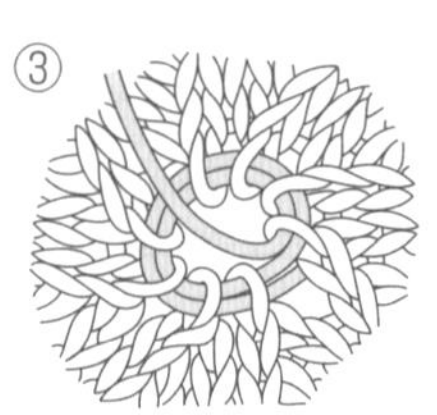

拉緊織線，縮口。

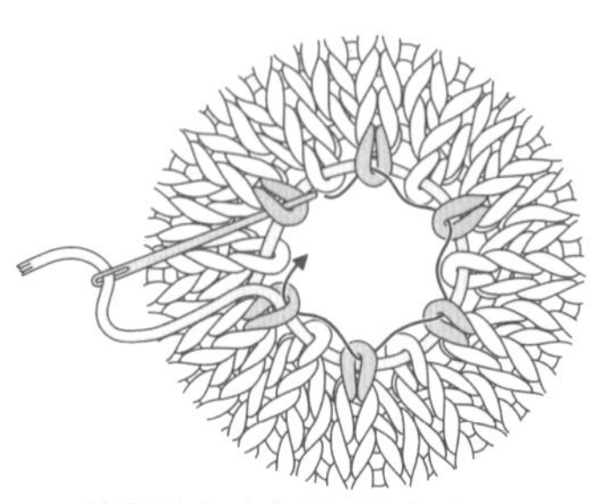

針數較多時每隔1針穿線，分2次穿線後縮口束緊。

M　扭針的一針鬆緊針

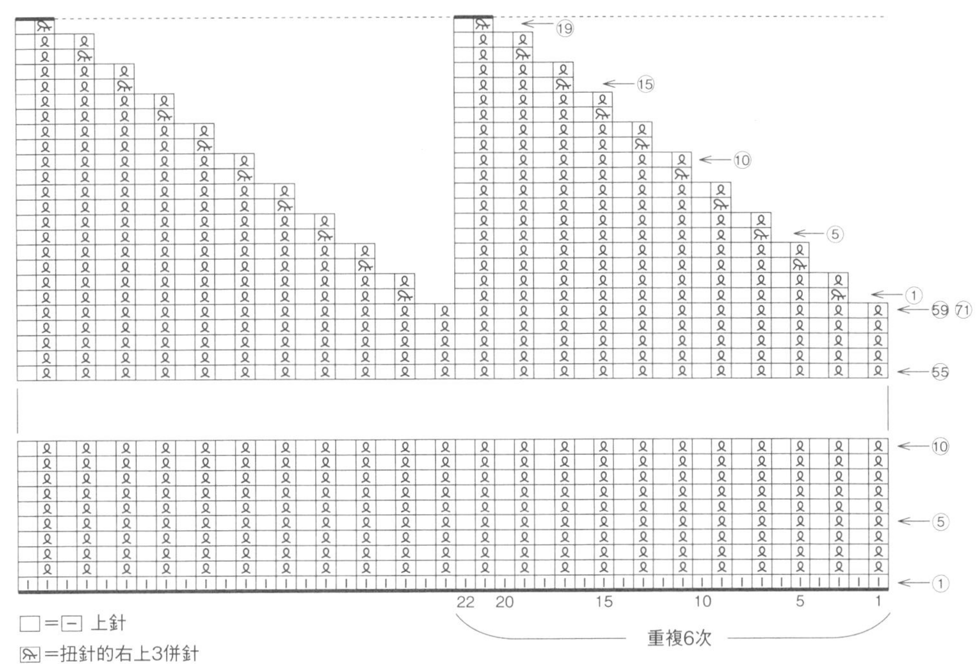

L　扭針的一針鬆緊針

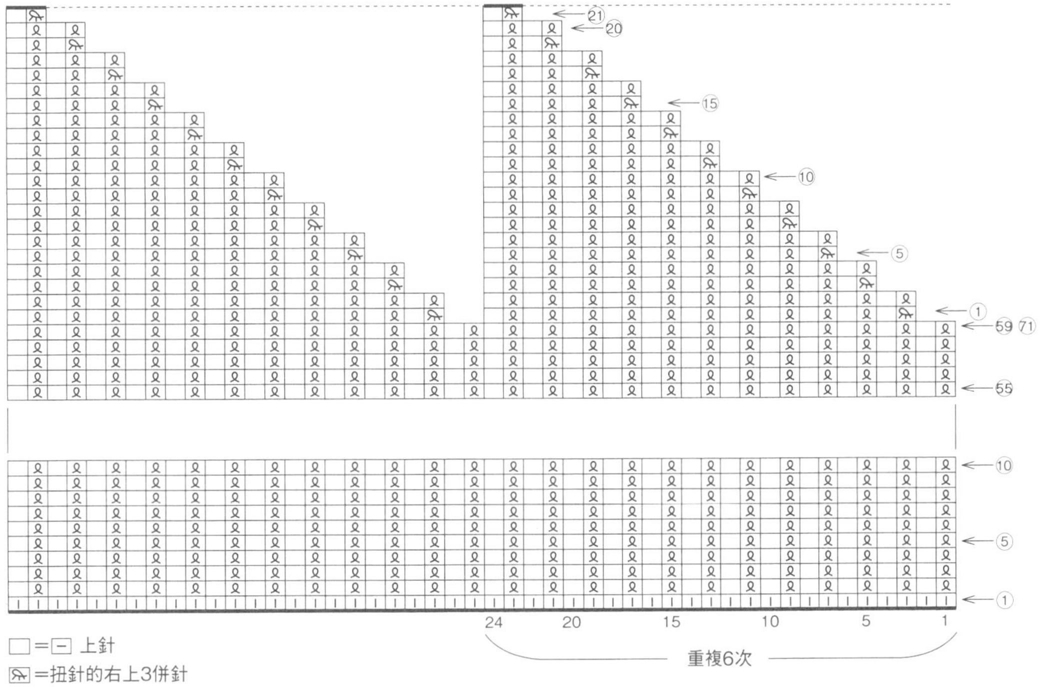

⑮ 喀什米爾雙線編織的淺灰甜甜圈圍巾 →p.31

材料

Cashmere（極細喀什米爾羊毛線）　淺灰（02）140g

用具

棒針4號、5號（起針）

完成尺寸

脖圍126.5cm・寬28cm

密度

10cm正方形＝花樣編30.5針・36.5段

▸point

取2條線編織。手指掛線起針法開始，進行花樣編。收針段與起針段對齊，依前段針目進行平面針併縫，下針為平面針併縫，上針為上針平面針併縫。

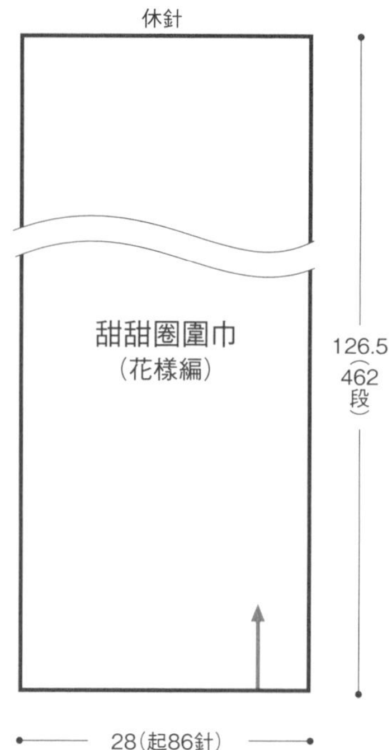

※除起針以外皆使用4號棒針，取2條線編織。
※換線時請於邊端算起3針之內的背面進行，1條1條分別收往他處。

平面針併縫

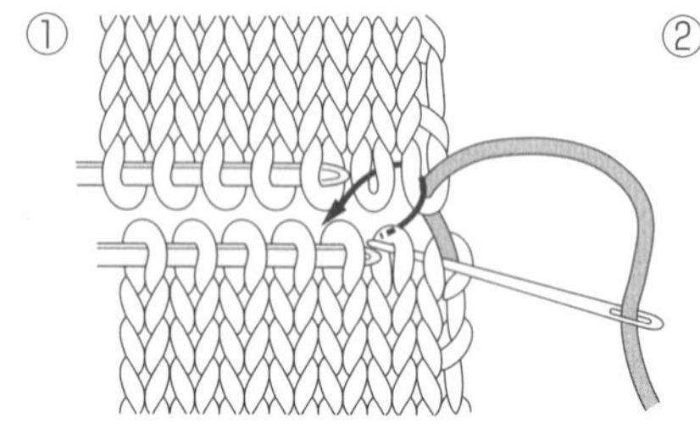

兩織片對齊，雙方皆從邊端1針的背面入針，接著在下方織片挑2針。

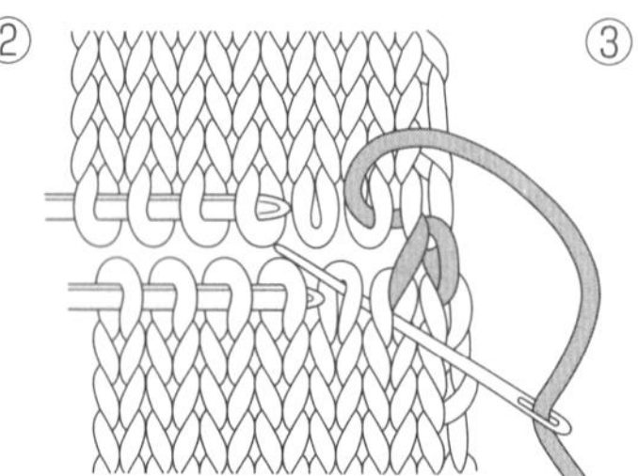

挑上方織片2針，再挑下方織片2針。

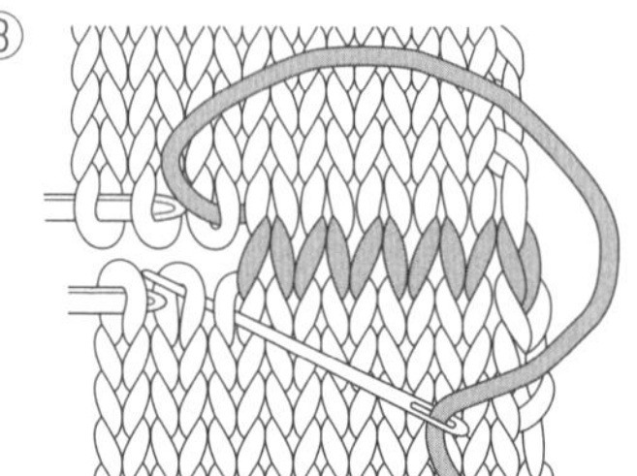

縫針的動向固定由正面入針，再由正面出針。

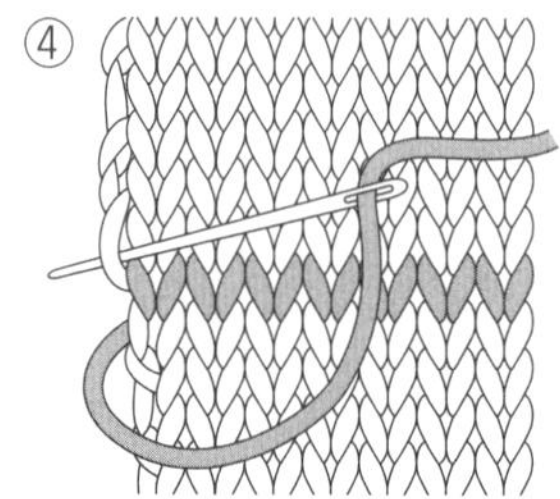

收針時穿入上方針目中，織片錯開半針。

上針平面針併縫

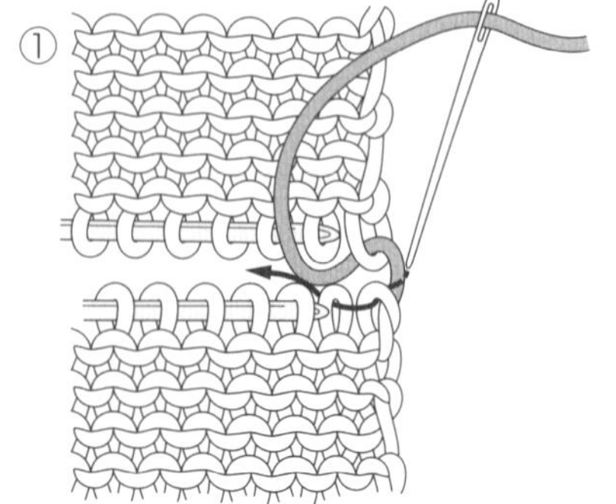

兩織片對齊，如圖示從正面穿入上方1針，再從背面挑下方織片2針，並同樣在背面出針。

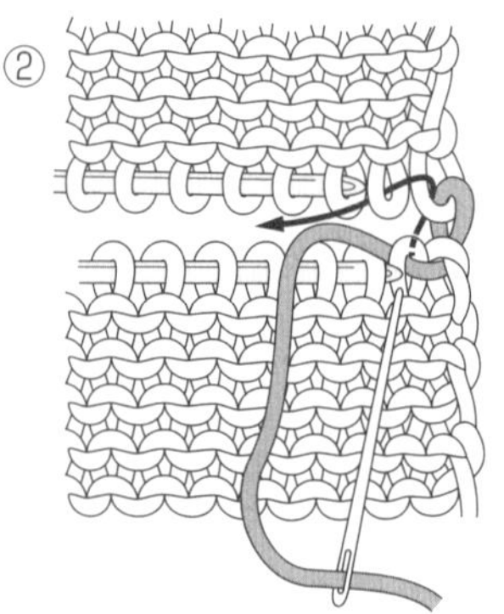

由上方織片的1針背面入針，在從第2針的正面穿至背面出針。

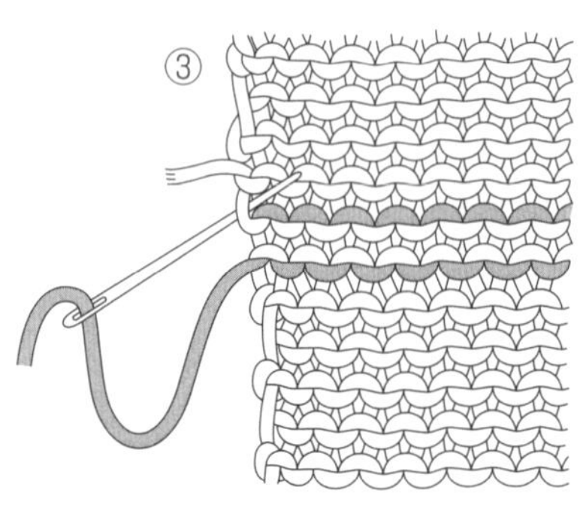

最後的針目入針2次，織片錯開半針。

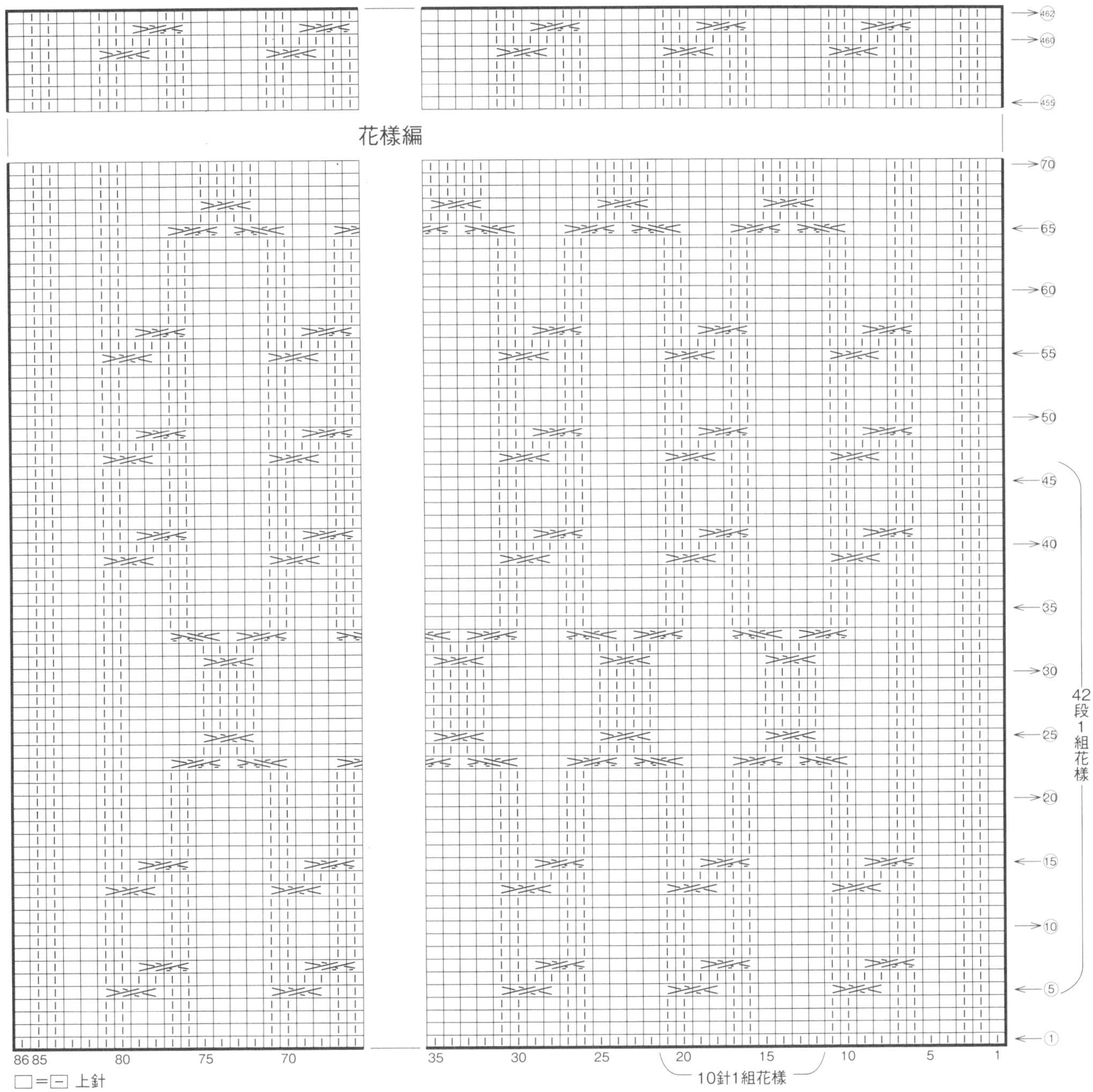

花樣編

462
460
455

70
65
60
55
50
45
40
35
30
25
20
15
10
5
1

42段1組花樣

86 85 80 75 70

35 30 25 20 15 10 5 1

10針1組花樣

□=⊟ 上針

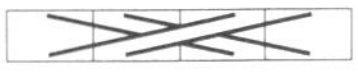

左上2針交叉

①
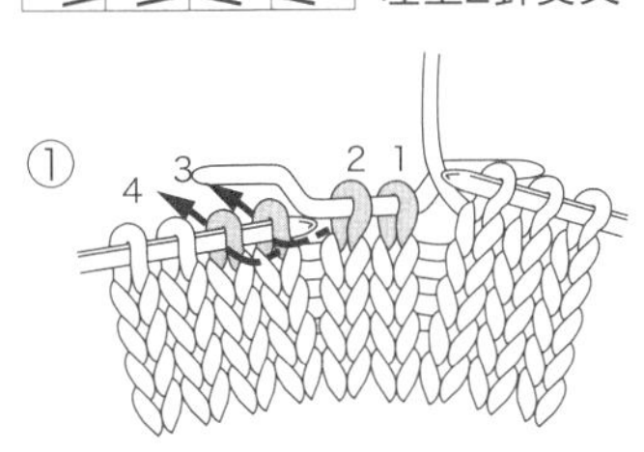

針目1、2移至麻花針上，置於織片外側暫休針，先編織針目3、4。

②
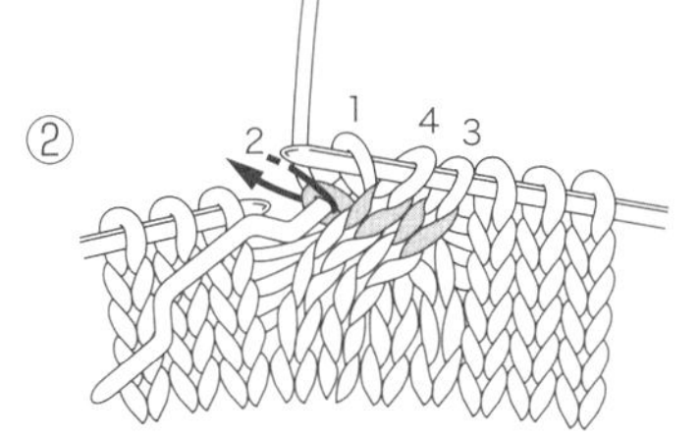

再編織休針的針目1、2。

③
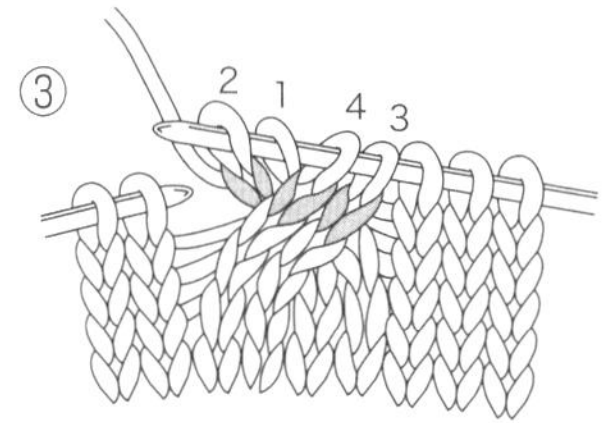

完成左上2針交叉。

⑯ 交叉羅紋編的腕套&圍巾 →p.32

材料

Sofia Wool（中細羊毛線）　〔腕套〕原色（22）40g，〔圍巾〕靛藍（43）295g

用具

棒針6號、5號（起針）

完成尺寸

〔腕套〕手圍16.5cm・長16cm，〔圍巾〕寬25cm・長168cm

密度

10cm正方形＝花樣編29針・35段

▸point

取2條織線編織。〔腕套〕手指掛線起針法開始編織，進行花樣編的輪編。依前段針目織套收針，下針織下針套收，上針織上針套收。〔圍巾〕手指掛線起針法開始編織，進行花樣編，收針方式同腕套。

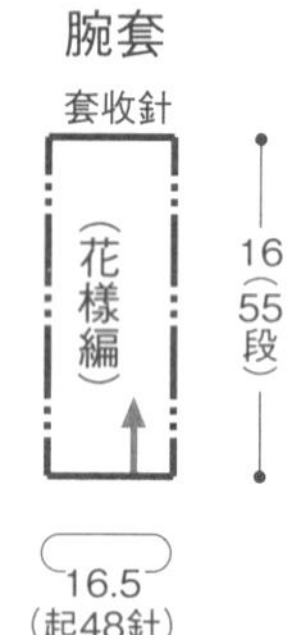

※除起針以外皆使用6號棒針，取2條織線編織。

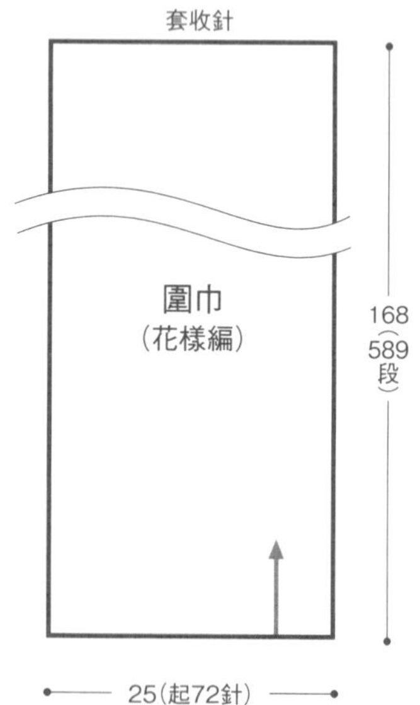

※除起針以外皆使用6號棒針，取2條線編織。
※換線時請於背面邊端算起的第3與第4針之間進行，1條1條分別收往他處。

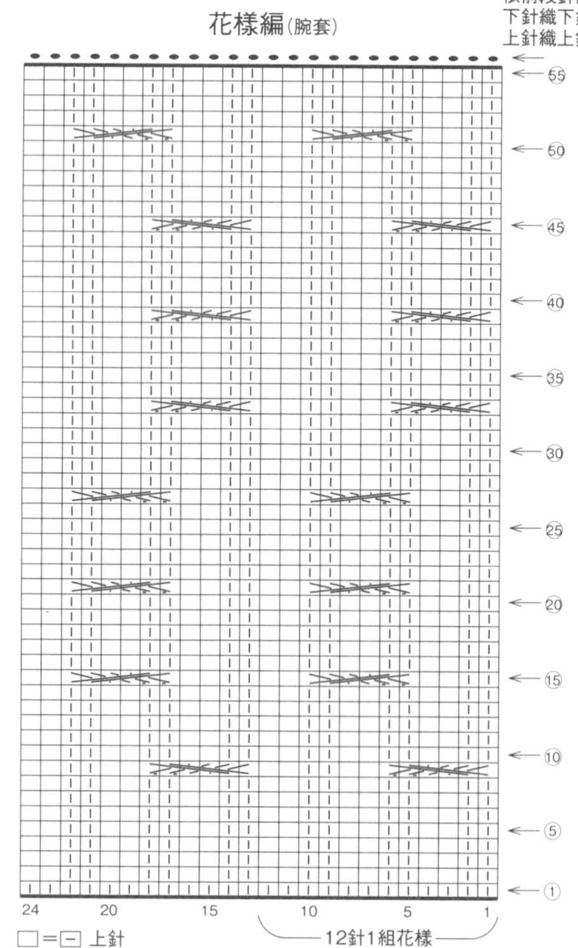

花樣編(圍巾)

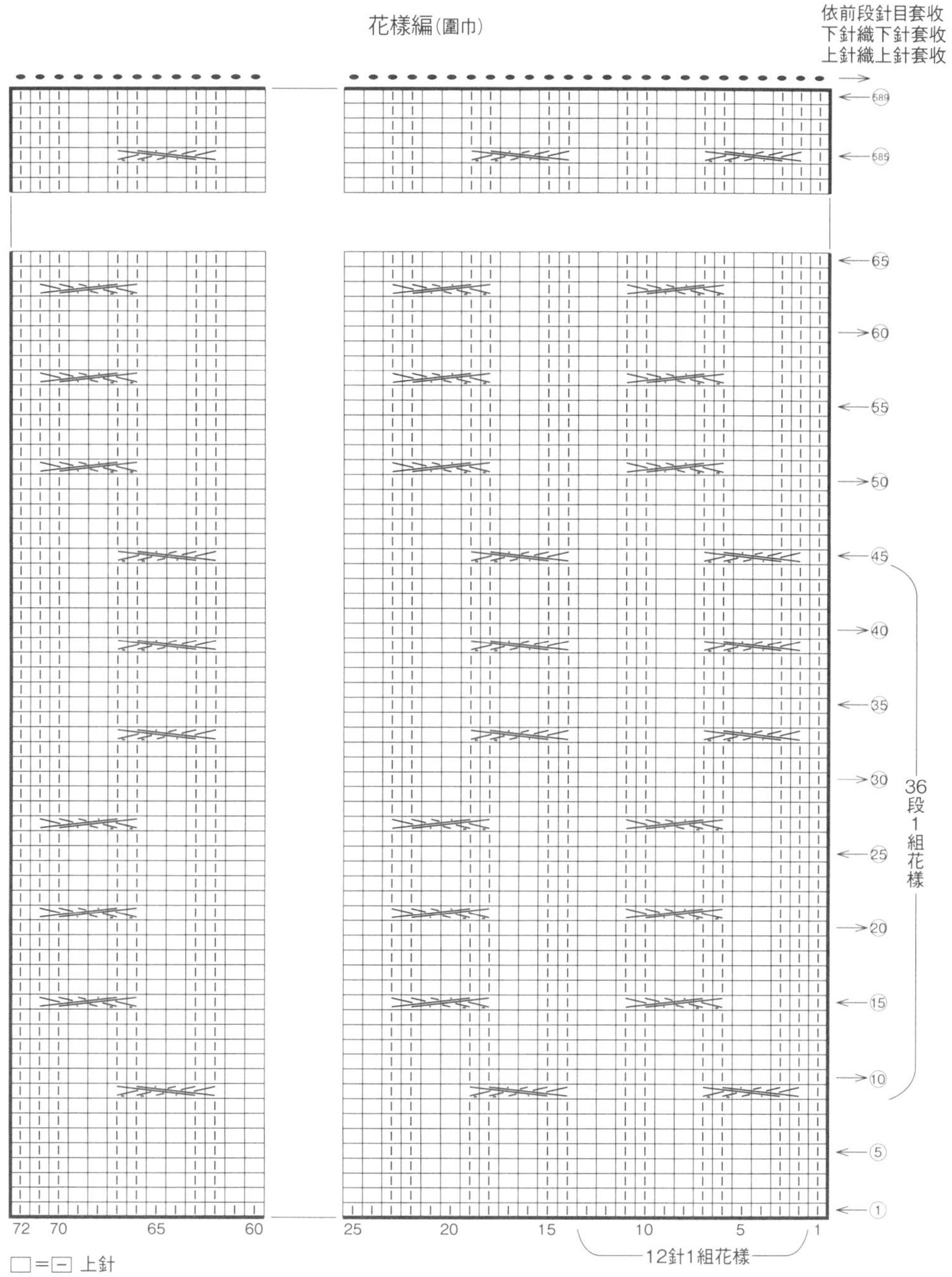

依前段針目套收
下針織下針套收
上針織上針套收

(Knitting chart: rows 1–65 and 585–589; stitches 1–25 and 60–72)

36段1組花樣

12針1組花樣

□=⊟ 上針

套收針　※以鉤針進行引拔收縫時，要使用比作品棒針再細1號的鉤針。

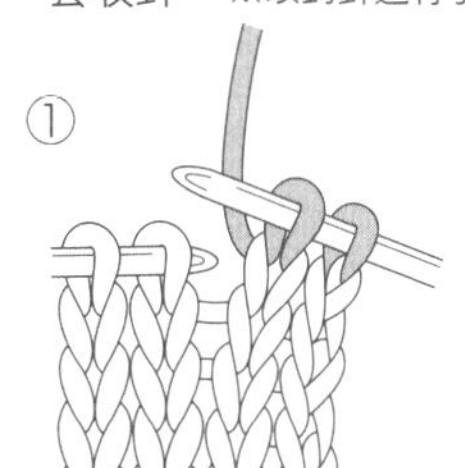

邊端2針織下針。

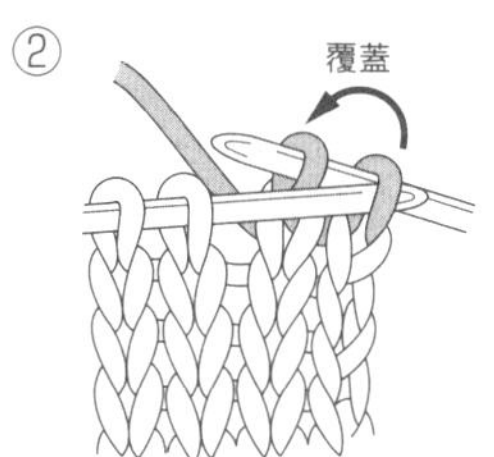

左針挑右側的第1針，套住第2針。

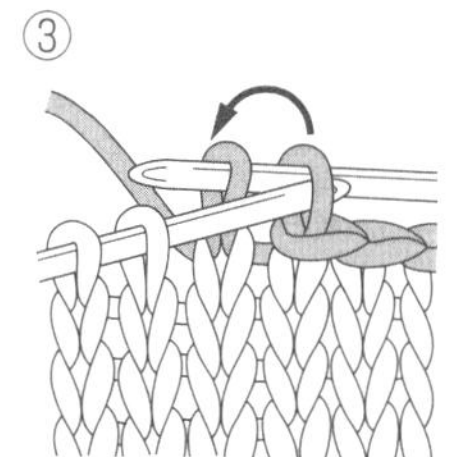

織下針，挑起右針上的針目套住下一針。重複此步驟。

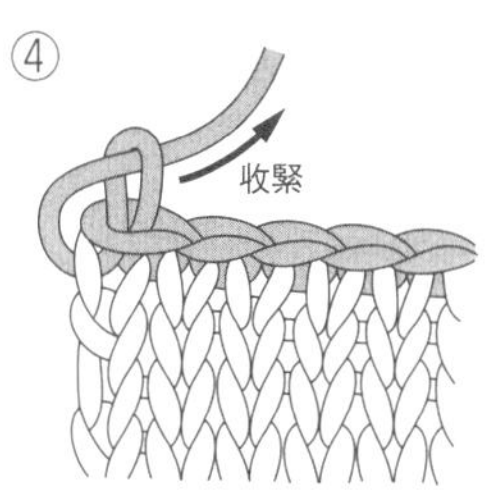

線端穿入最後的針目中，拉線束緊。

17 引上針的水玉花樣背心 →p.34-35

材料

Moke Wool A（合太羊毛線） 淺茶色（12）M / 130g、L / 145g、LL / 170g，紫紅色（24）M / 50g、L / 65g、LL / 75g

用具

棒針3號、1號、2號（起針）

完成尺寸

M/ 胸圍94cm、背肩寬33cm、衣長54cm

L/ 胸圍102cm、背肩寬38cm、衣長56.5cm

LL/ 胸圍109cm、背肩寬41cm、衣長60cm

密度

10cm正方形＝平面針24.5針・37段、條紋花樣編22針・42.5段

▸point

身片…手指掛線起針法開始編織，依序進行二針鬆緊針、平面針、條紋花樣編。肩部僅後片減針，製作肩斜。袖襱、領口的減針，2針以上是在套收時進行，1針時則挑邊端1針進行減針。

組合…肩部進行針與段的併縫。沿袖襱挑指定針數，進行二針鬆緊針。收針依前段針目織套收針，下針織下針套收，上針織上針套收。脇邊進行挑針綴縫。領口織法同袖襱。

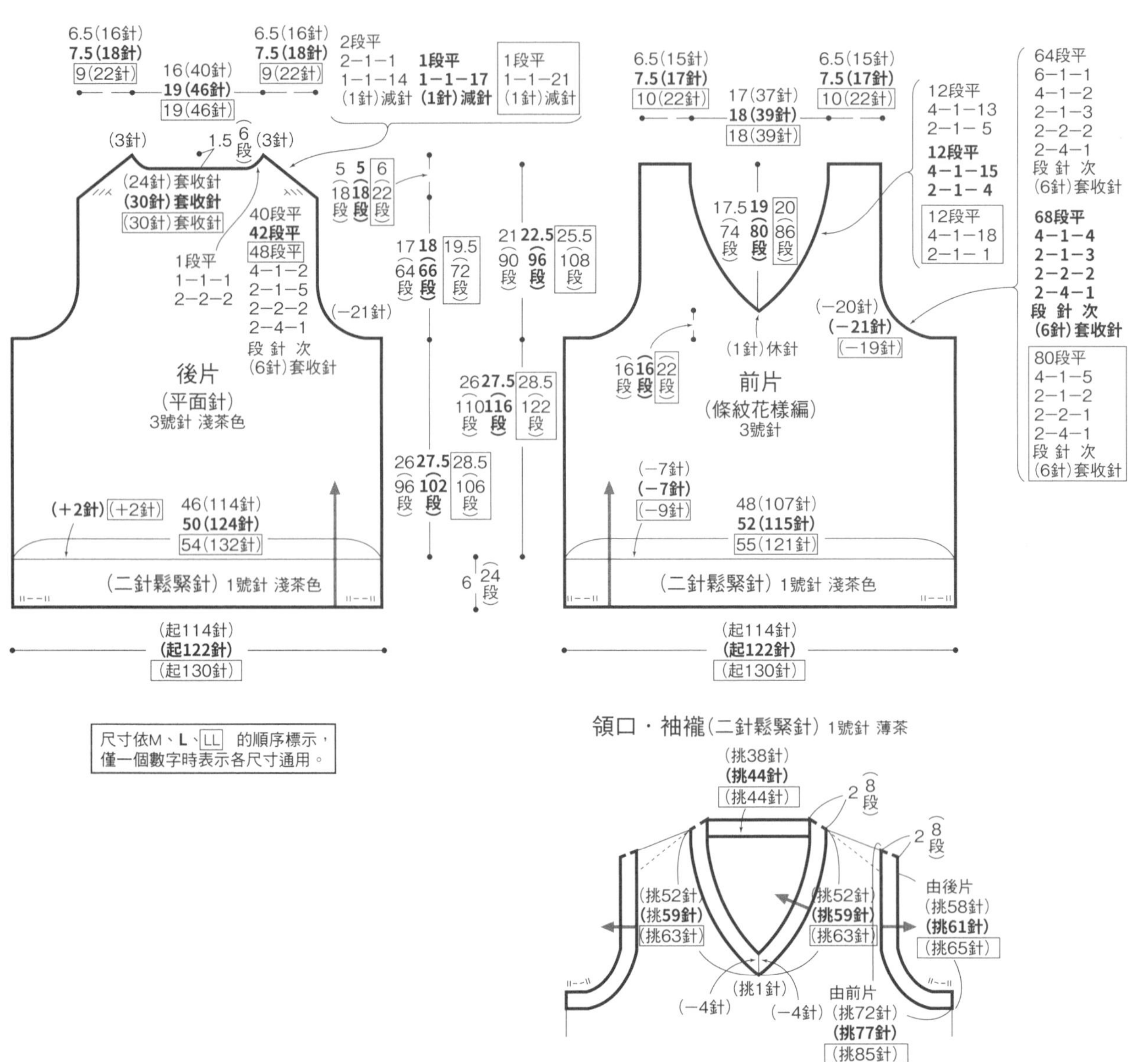

條紋花樣編

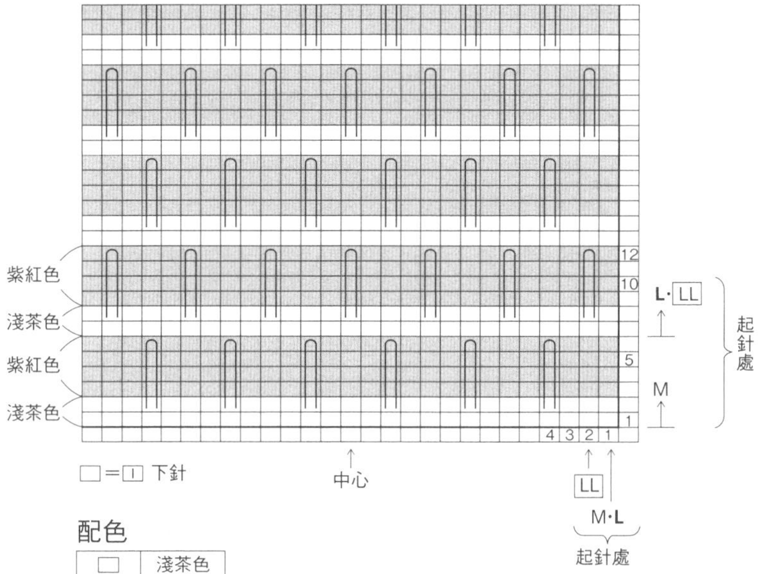

紫紅色
淺茶色
紫紅色
淺茶色

12
10
5
1

L·LL
M
起針處

4 3 2 1

□＝⊡ 下針

中心

LL
M·L
起針處

配色

□	淺茶色
▨	紫紅色

二針鬆緊針

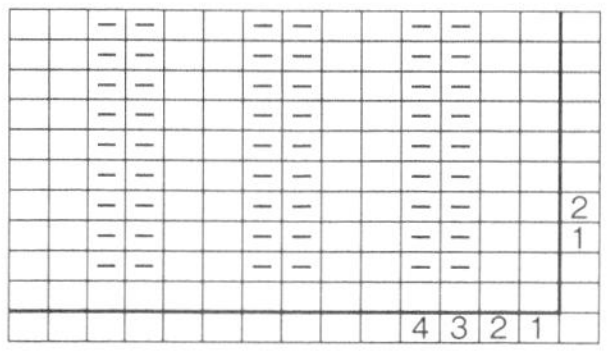

2
1
4 3 2 1

□＝⊡ 下針

V領尖的織法

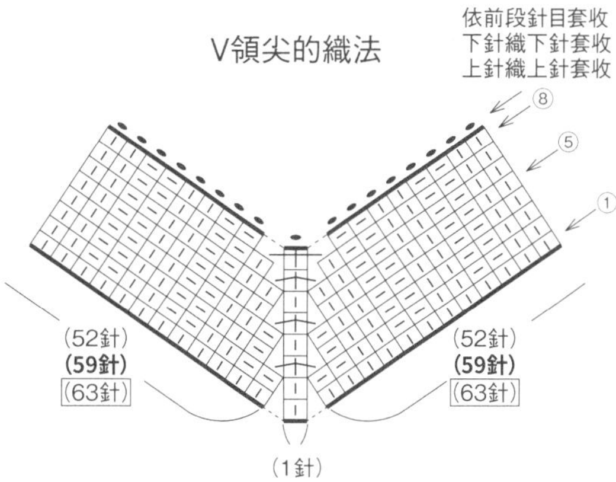

依前段針目套收
下針織下針套收
上針織上針套收

⑧
⑤
①

(52針)
(59針)
[(63針)]

(52針)
(59針)
[(63針)]

(1針)

中上3併針

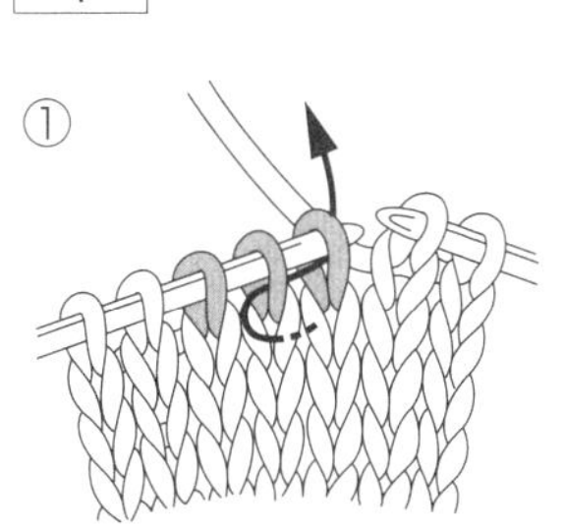

①右針依箭頭指示穿入2針，不編織直接移至右針上。

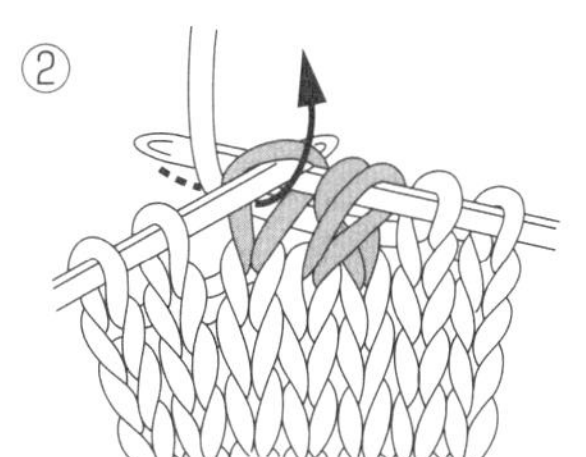

②棒針穿入下一針，織下針。

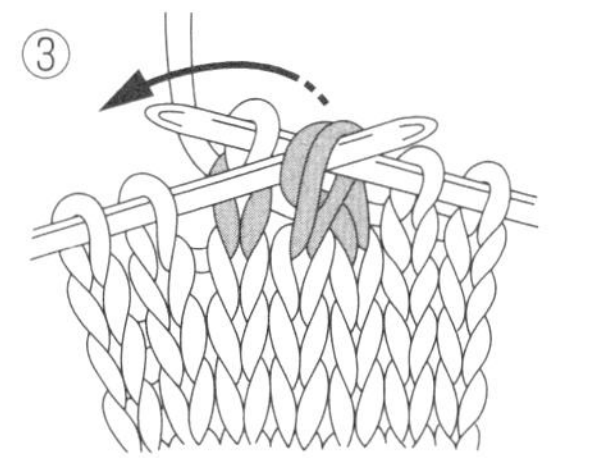

③挑起先前移動的2針，套住步驟②織好的下針。

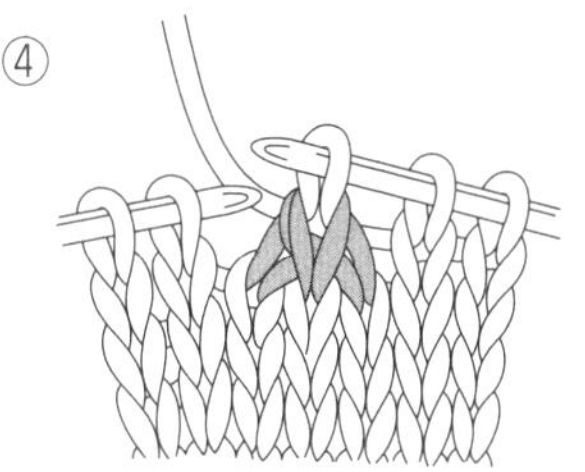

④完成中上3併針。

⑱ 馬賽克花樣的拉克蘭毛衣 →p.36-37

材料

Moke Wool A（合太羊毛線） 靛藍（30）M / 210g、L / 245g、LL / 280g，金黃（04）、淺灰（14）M / 各60g、L / 各75g、LL / 各85g

用具

棒針4號、3號、2號

完成尺寸

M/ 胸圍90cm、衣長57.5cm、連肩袖長73.5cm

L/ 胸圍98cm、衣長61.5cm、連肩袖長76.5cm

LL/ 胸圍106cm、衣長65cm、連肩袖長83cm

密度

10cm正方形＝平面針26針．36段、條紋花樣編26針．48段

▸point

身片．袖子…手指掛線起針法開始編織，依序進行一針鬆緊針、條紋花樣編、平面針的編織。拉克蘭線的減針是挑身片邊端算起的第2與第3針，袖子是邊端算起的第4與第5針作2併針。前領口的減針，2針以上是在套收時進行，1針時則挑邊端1針進行減針。袖下是在內側1針進行扭加針。

組合…拉克蘭線、脇邊、袖下挑針綴縫，襠份進行平面針併縫。沿領口挑指定針數，進行一針鬆緊針的輪編。收針依前段針目織套收針，下針織下針套收，上針織上針套收。

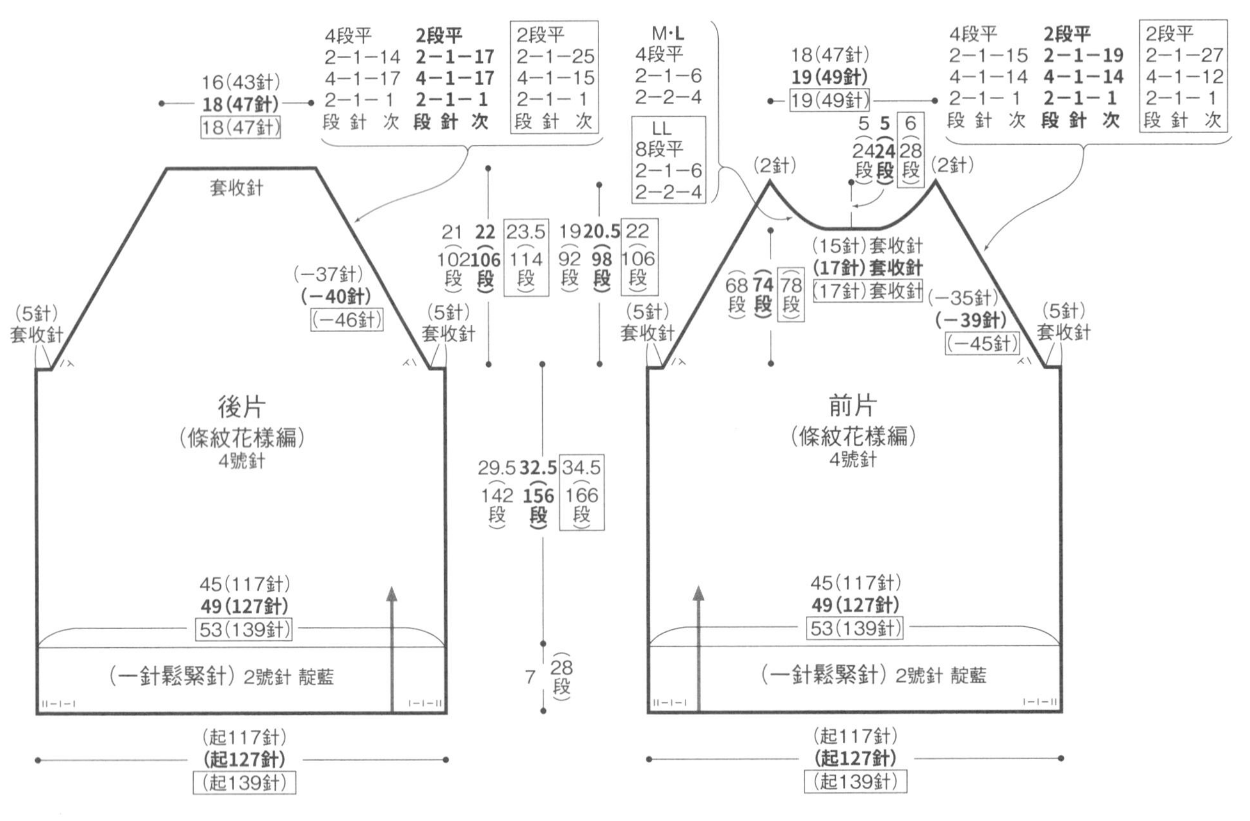

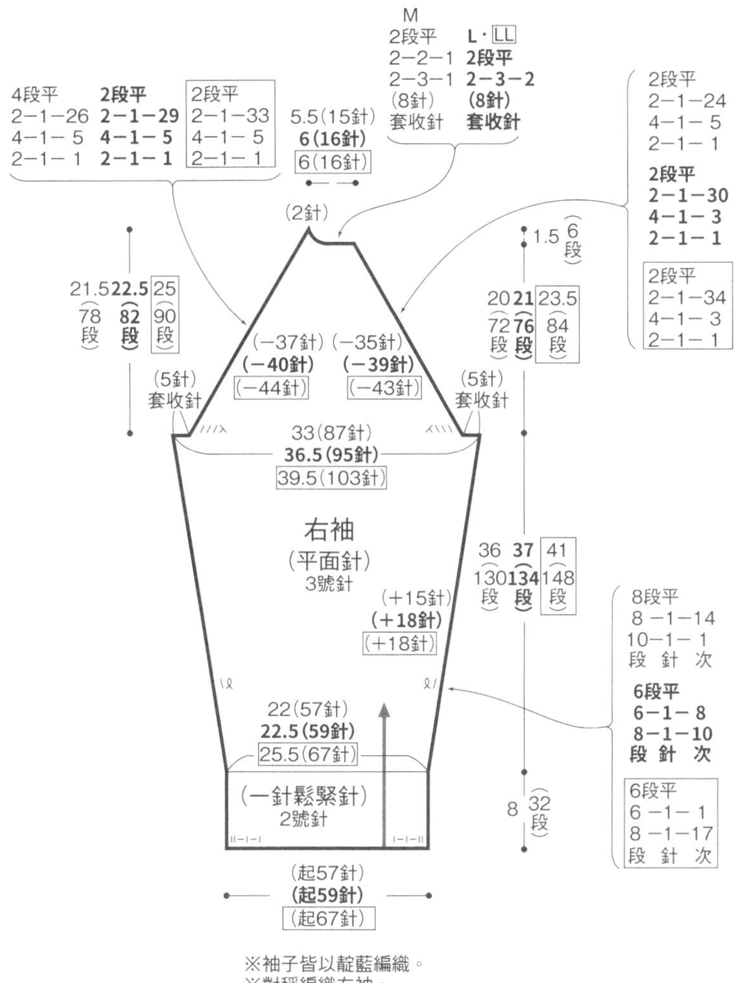

※袖子皆以靛藍編織。
※對稱編織左袖。

條紋花樣編

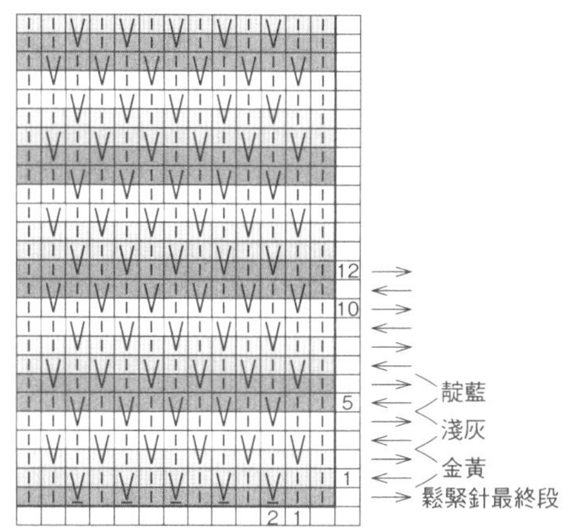

配色

■	靛藍
□	淺灰
□	金黃

一針鬆緊針

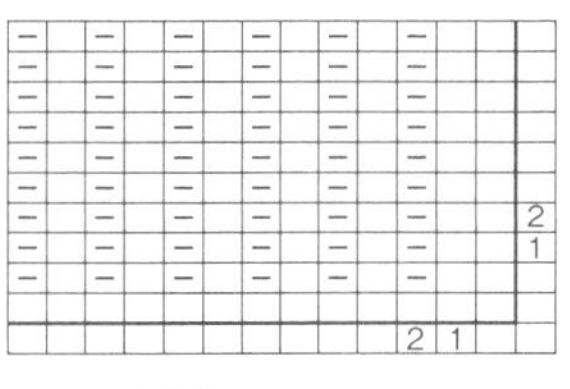

□=Ⅰ 下針

領子(一針鬆緊針)

2號針 靛藍

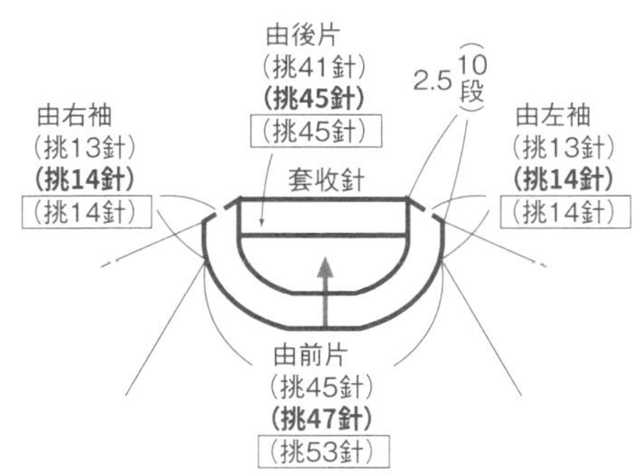

一針鬆緊針(領口)

依前段針目套收
下針織下針套收
上針織上針套收

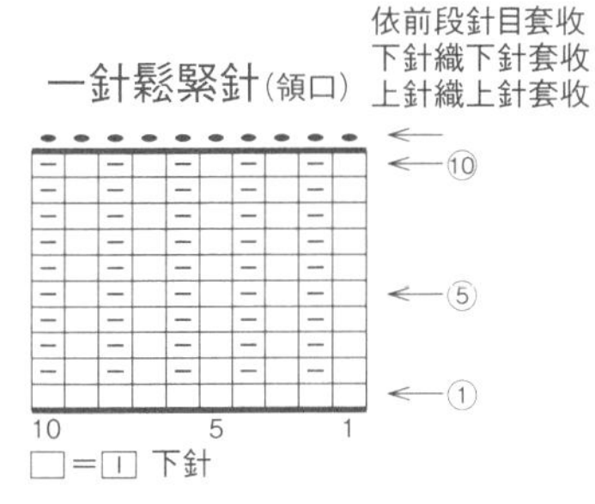

□=Ⅰ 下針

19 點點花樣的口袋開襟衫 →p.38-39

材料

Wool N（合太羊毛線） 藍色（34）M / 390g、L / 445g、LL / 520g，T Honey Wool 奶油色（10）M / 45g、L / 55g、LL / 65g，直徑20mm的鈕釦M．L / 6顆、LL / 7顆

用具

棒針7號、5號、3號、4號（起針）

完成尺寸

M/ 胸圍95cm、背肩寬35cm、衣長56.5cm、袖長53cm

L/ 胸圍105cm、背肩寬38cm、衣長60cm、袖長54cm

LL/ 胸圍112cm、背肩寬40cm、衣長66cm、袖長57cm

密度

10cm正方形＝平面針20.5針．31段、條紋花樣編22針．40段

▸point

身片．袖子…手指掛線起針法開始編織，依序進行二針鬆緊針、平面針、條紋花樣編的編織，在口袋位置織入別線。肩部僅後片減針，製作肩斜。袖下的加針是於內側1針進行扭加針。

組合…一邊解開口袋的別線一邊挑針，編織口袋後片與口袋口。口袋口與口袋後片分別以捲針縫固定於身片。肩部進行針與段的併縫；脇邊、袖下進行挑針綴縫。沿前立＆領口挑指定針數，織二針鬆緊針，於右前立開釦眼。收針依前段針目織套收針，下針織下針套收，上針織上針套收。以引拔收縫接合袖子與身片，縫上鈕釦即完成。

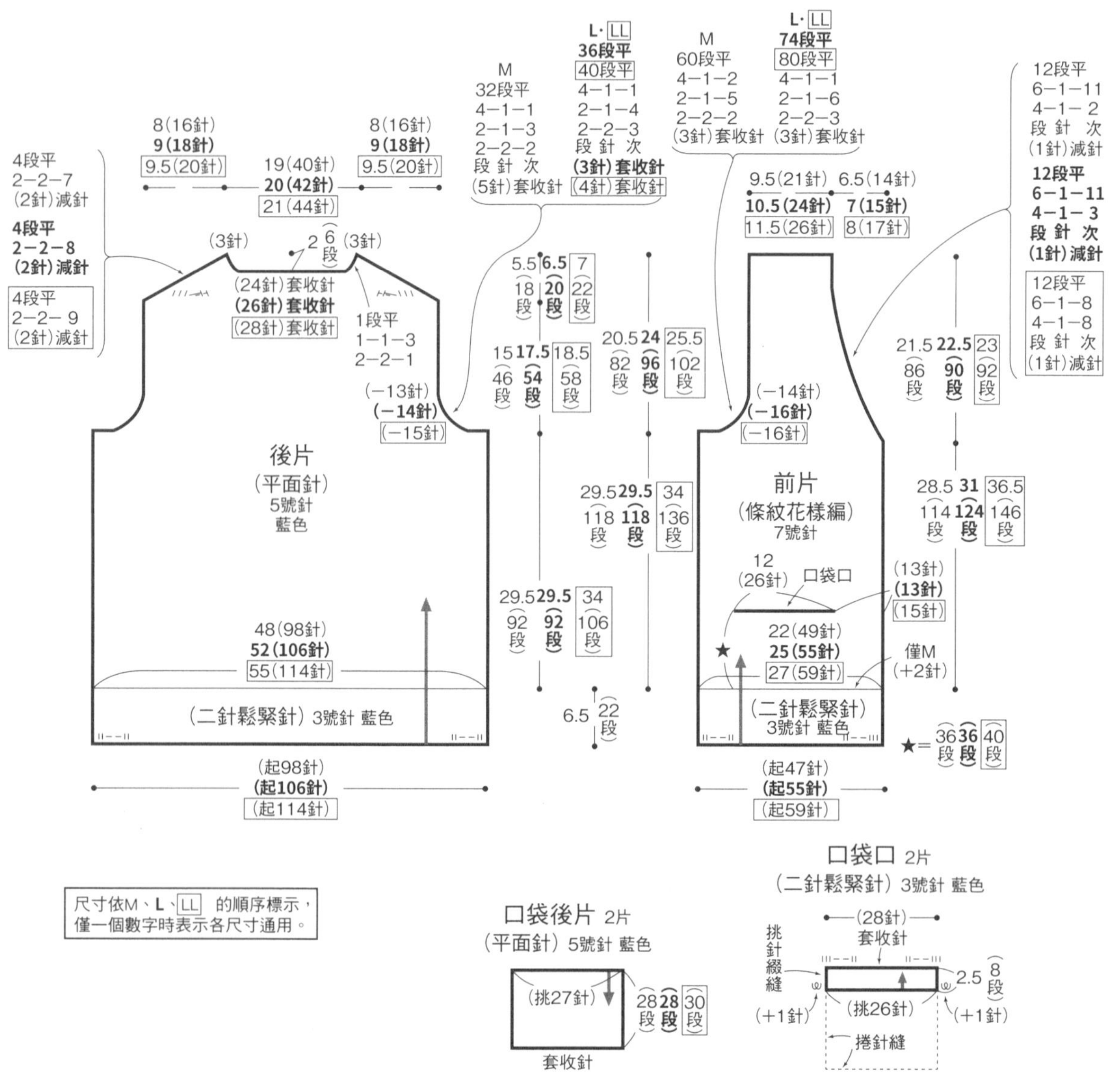

尺寸依M、**L**、LL 的順序標示，
僅一個數字時表示各尺寸通用。

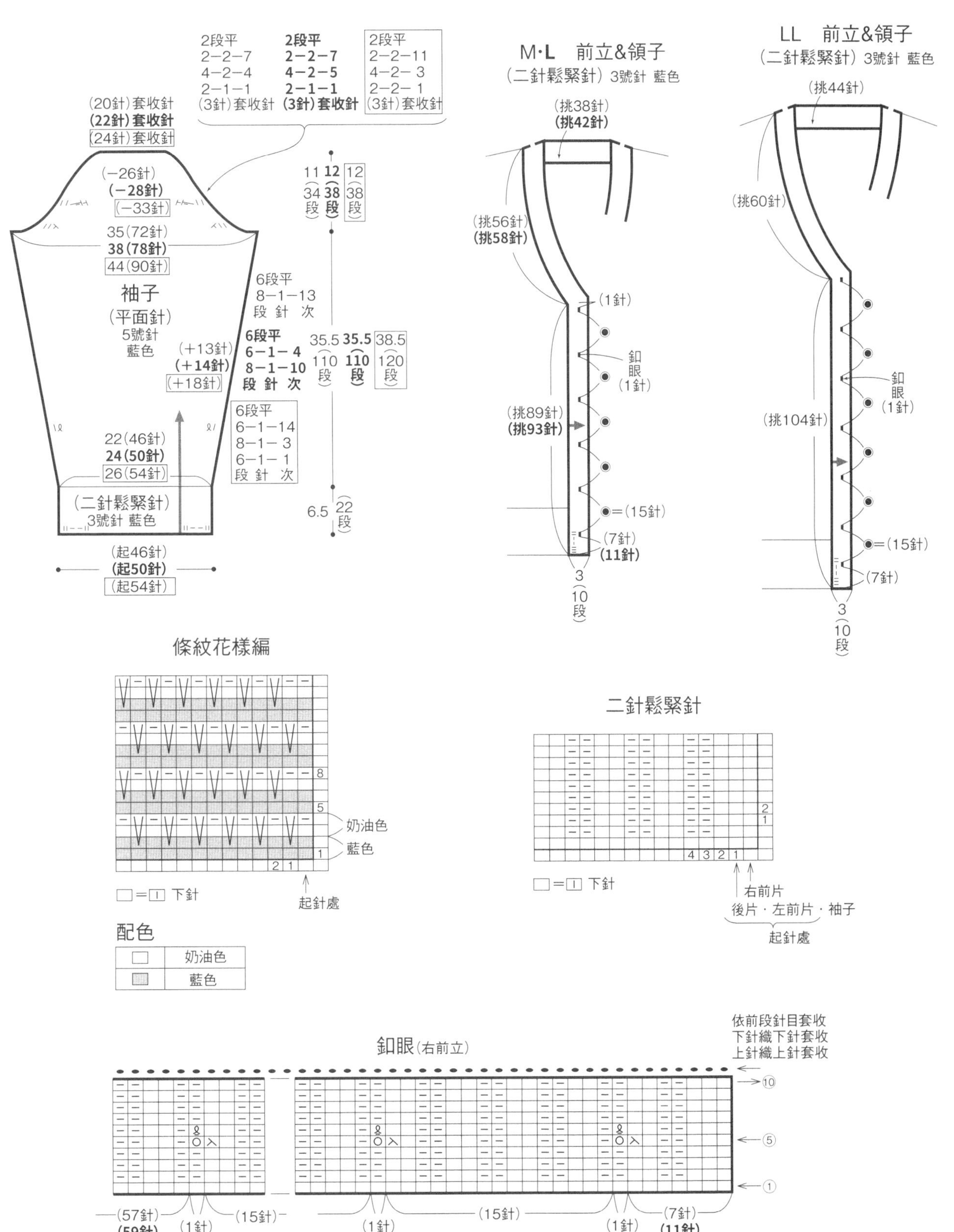

袖子
(平面針)
5號針
藍色
(20針)套收針
(22針)套收針
(24針)套收針
2段平
2-2-7
4-2-4
2-1-1
(3針)套收針
2段平
2-2-7
4-2-5
2-1-1
(3針)套收針
2段平
2-2-11
4-2-3
2-2-1
(3針)套收針
(-26針)
(-28針)
(-33針)
35(72針)
38(78針)
44(90針)
11 12 12
34 38 38 段
6段平
8-1-13
段 針 次
6段平
6-1-4
8-1-10
段 針 次
(+13針)
(+14針)
(+18針)
35.5 35.5 38.5
110 110 120 段
6段平
6-1-14
8-1-3
6-1-1
段 針 次
22(46針)
24(50針)
26(54針)
(二針鬆緊針)
3號針 藍色
6.5 22段
(起46針)
(起50針)
(起54針)
M·L 前立&領子
(二針鬆緊針) 3號針 藍色
(挑38針)
(挑42針)
(挑56針)
(挑58針)
(1針)
釦眼(1針)
(挑89針)
(挑93針)
●=(15針)
(7針)
(11針)
3
10段
LL 前立&領子
(二針鬆緊針) 3號針 藍色
(挑44針)
(挑60針)
釦眼(1針)
(挑104針)
●=(15針)
(7針)
3
10段
條紋花樣編
奶油色
藍色
起針處
□=□ 下針
配色
奶油色
藍色
二針鬆緊針
右前片
後片·左前片·袖子
起針處
□=□ 下針
釦眼(右前立)
依前段針目套收
下針織下針套收
上針織上針套收
(57針)
(59針)
(60針)
(1針)
(15針)
(1針)
(15針)
(1針)
(7針)
(11針)
(7針)
□=□ 下針

●接續P.88

●接續P.87(作品19)

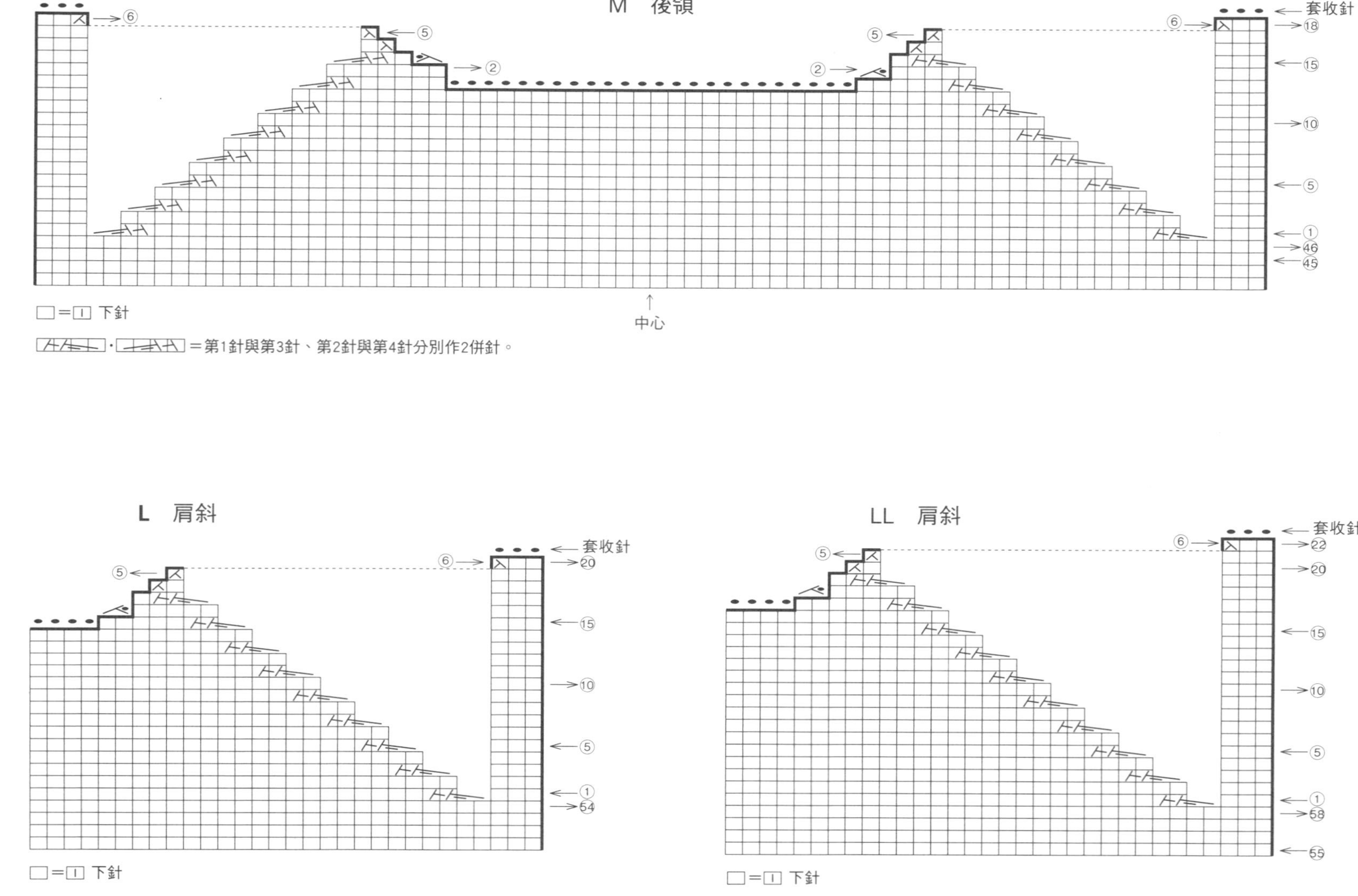

21 漿果花樣的蕾絲風大型披肩 →p.42

材料

Honey Wool（中細羊毛線·安哥拉毛線）　淺灰（32）205g，Feathery Mohair淺灰（10）100g

用具

棒針10號、8號、9號（起針）

完成尺寸

寬52cm·長151cm

密度

10cm正方形＝花樣編18針·23段

▸point

取2條線編織。手指掛線起針法開始編織，進行起伏針、花樣編（參照p.46　Lesson 2），收針段織套收針。

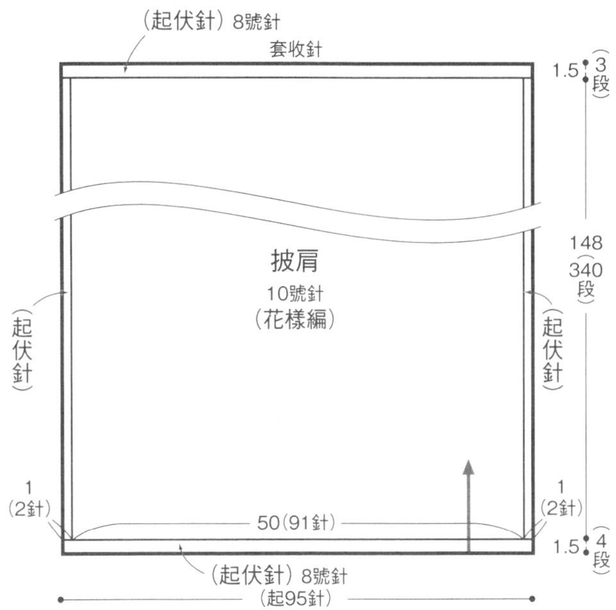

※取Honey Wool與Feathery Mohair各一的2條線進行編織。

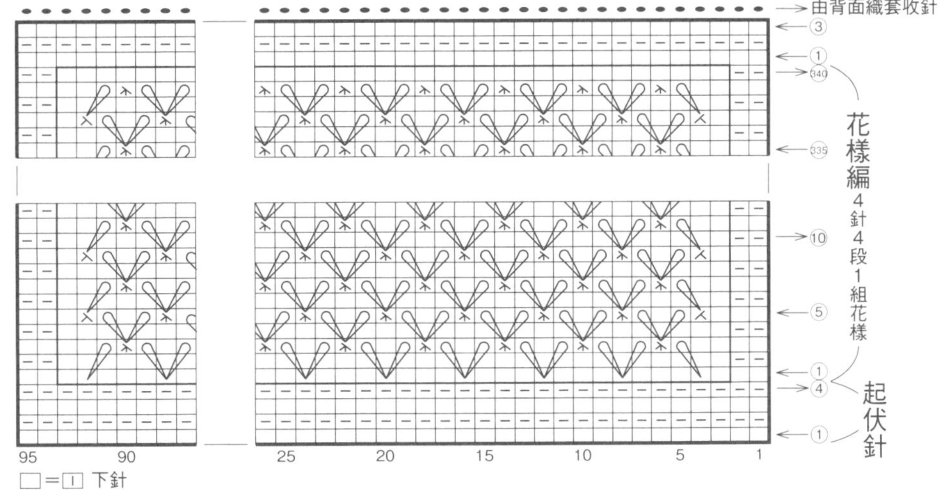

針與段的併縫

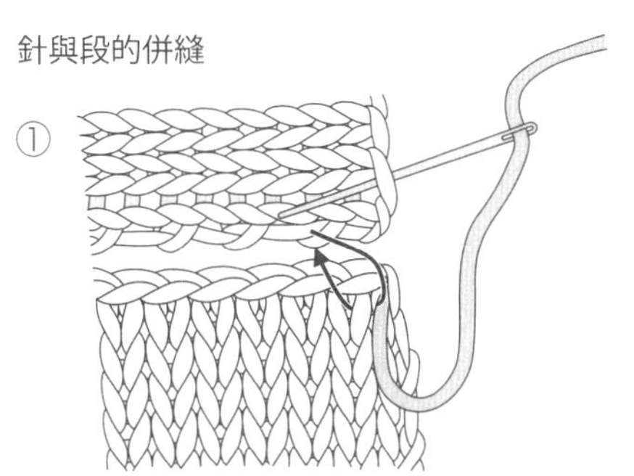

① 織套收針的織片置於下方，將縫針穿入起針段針目與下方的針目中。織段部分皆挑渡線。

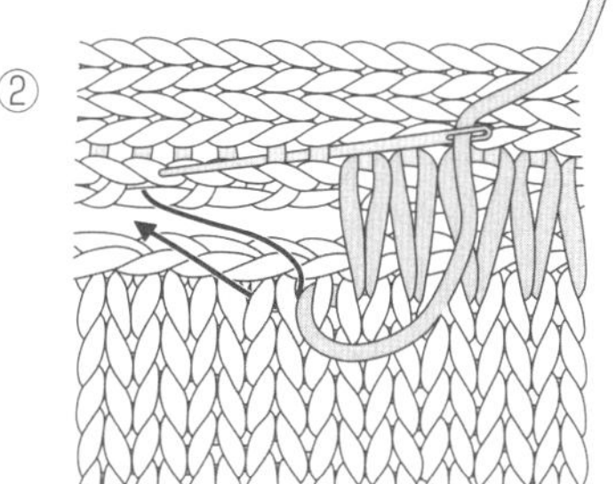

② 段數較多時，可以隔幾段就一次挑2段來調整。

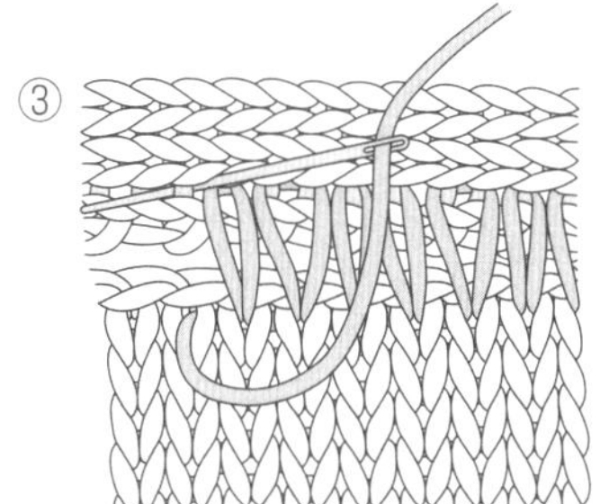

③ 輪流在針目與織段挑針。併縫的織線宜拉緊，避免露出影響美觀。

20 蜂巢花樣的罩衫式夾克 →p.40-41

材料

Feathery Mohair（極細Kid mohair・Nylon線） 淺茶色（03）M / 130g、L / 150g，Honey Wool 灰色・紫色系（22）M / 110g、L / 130g

用具

棒針6號、5號、7號（起針）

完成尺寸

M/ 胸圍112cm、衣長67cm、連肩袖長49cm

L/ 胸圍126cm、衣長70.5cm、連肩袖長57cm

密度

10cm正方形＝條紋花樣編21針・44段

▸point

分別取2條毛海與1條毛線進行編織。

身片…手指掛線起針法開始，進行條紋花樣編（參照p.47 Lesson 4）。收針段，後片織套收針，左前片與右前片則暫休針。

組合…左前片與右前片的最終段正面相對疊合，進行引拔針併縫。沿前片上緣挑針，編織起伏針。後片收針段與前片進行針與段的併縫。依圖示在身片上挑針，以花樣編、起伏針編織袖子，最終段織套收針。挑針綴縫接合脇邊與袖下即完成。

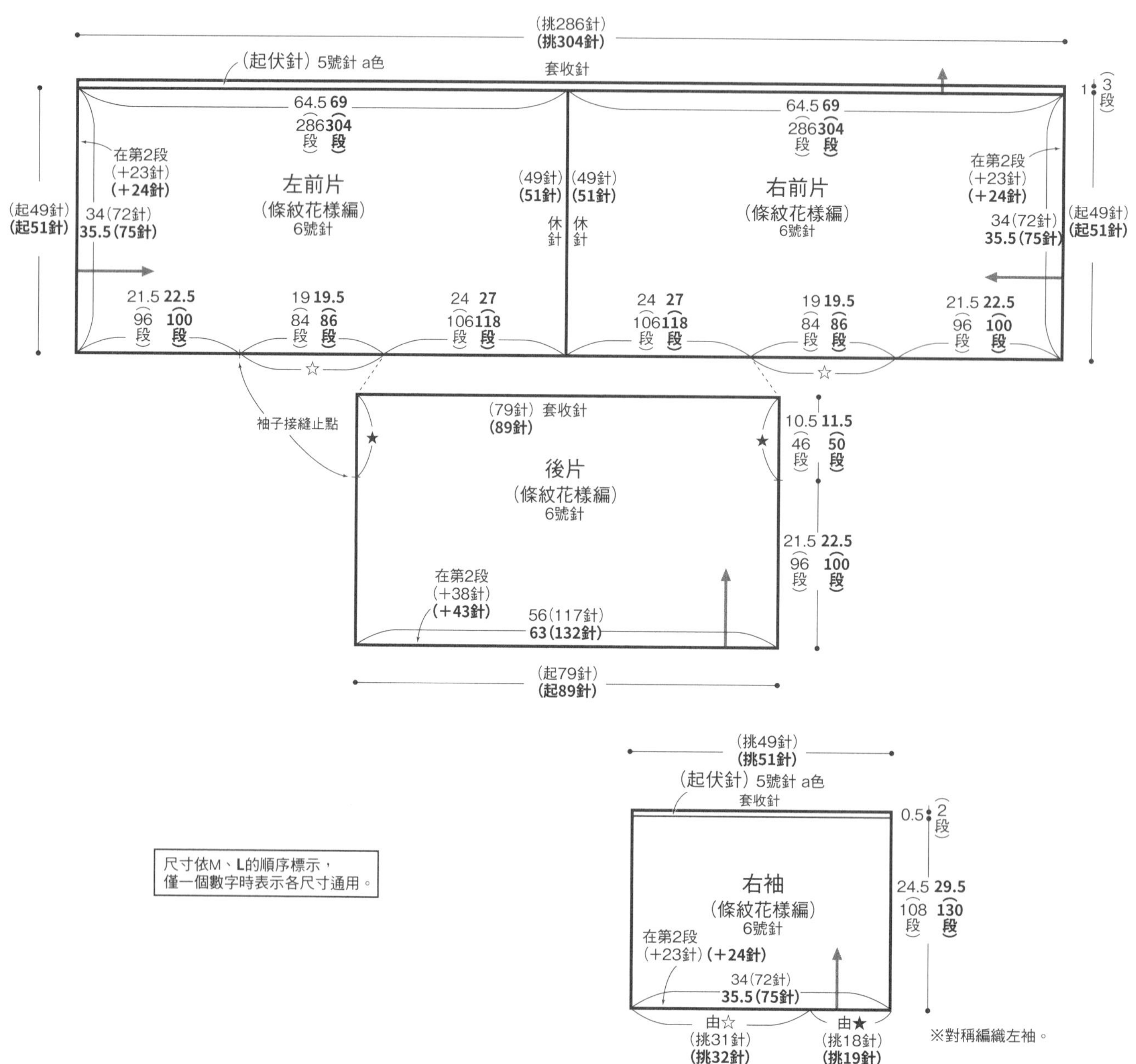

條紋花樣編

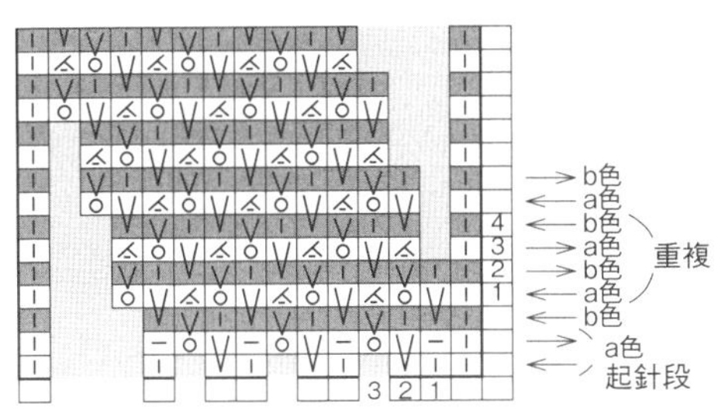

＝無針目

※綴縫・併縫時掛針與滑針（引上針）
作為1針併縫（進行綴縫・併縫、袖口挑針時請注意）。

起伏針(前片上緣)

由背面織套收針
③
②
①
1

起伏針(袖口)

由背面織套收針
②
①
1

配色

a色	□	淺茶色2條
b色	■	灰色・紫色系各1條

組合方法

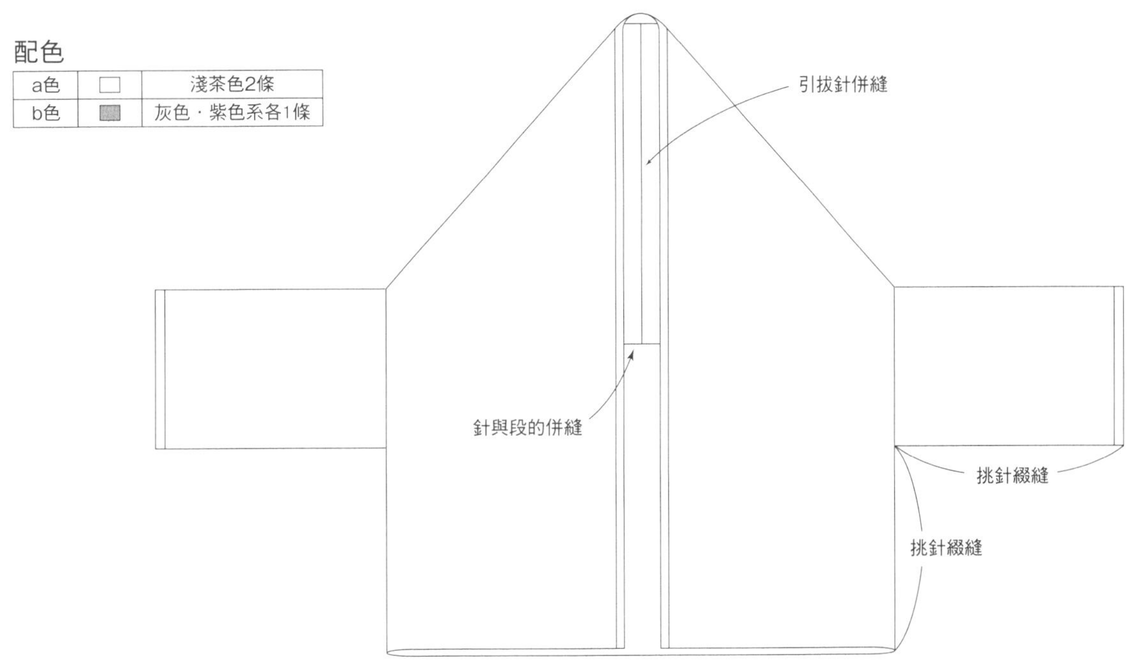

引拔針进縫

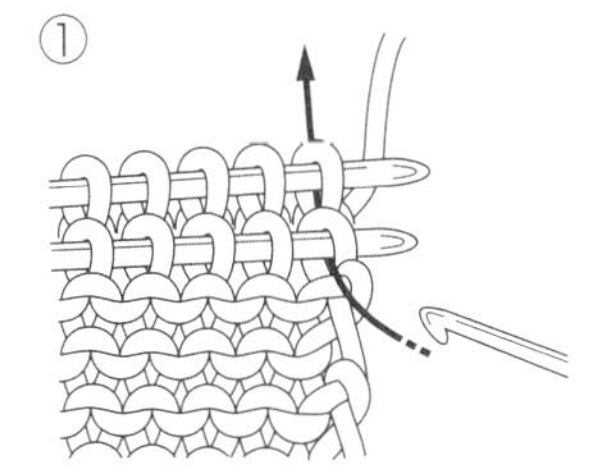

兩織片正面相對疊合，鉤針一次穿入前後對齊的邊端針目。

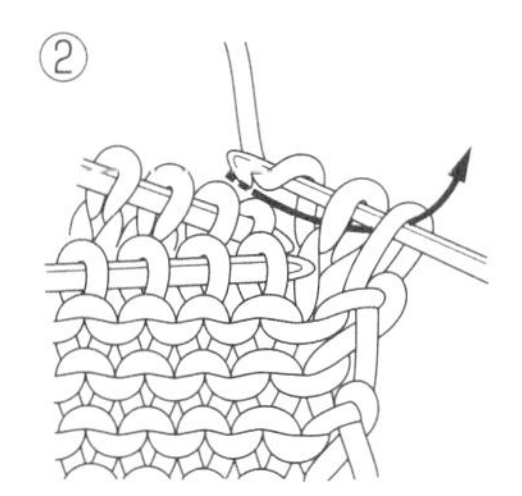

鉤針掛線，一起引拔2針目。

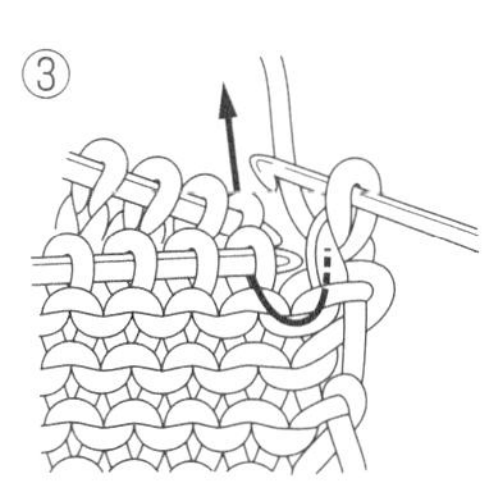

穿入相對的下一針，挑起2針目。

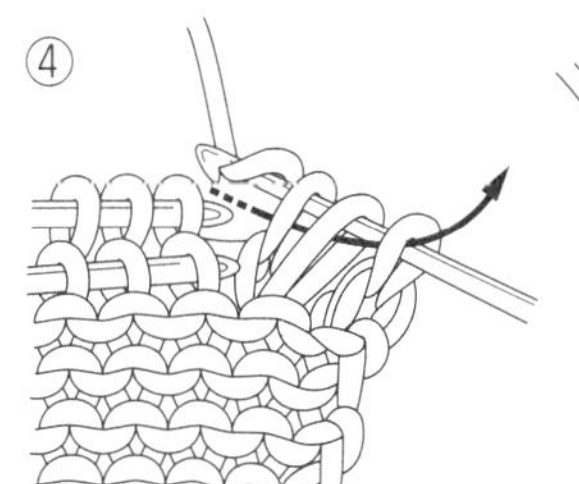

一次引拔掛在鉤針上的3針。重複此步驟。

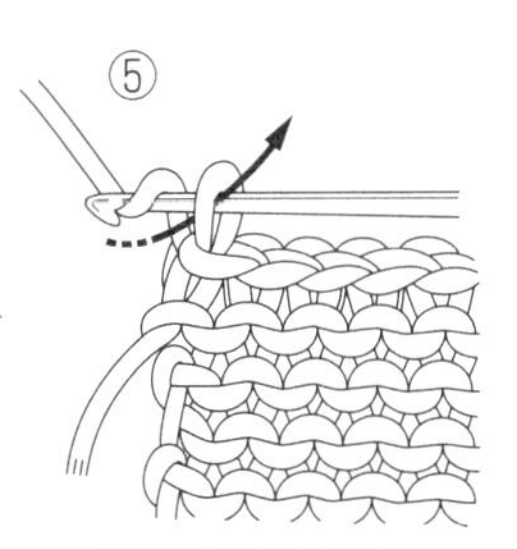

最後的線端如圖示引拔後收緊針目即完成。

22 千鳥格紋髮帶&腕套 →p.43

材料

Sofia Wool（中細羊毛線）

藏青色（44）〔髮帶〕M / 20g、L / 25g，〔腕套〕M / 25、L / 35g

原色（22）〔髮帶〕M / 15g、L / 20g，〔腕套〕M / 20g、L / 30g

用具

棒針7號、4號、5號（起針）

完成尺寸

M/〔髮帶〕頭圍46cm·寬9.5cm，〔腕套〕手圍17cm·長15cm

L/〔髮帶〕頭圍51cm·寬9.5cm，〔腕套〕手圍20cm·長17.5cm

密度

10cm正方形＝條紋花樣編24.5針·44段

▸point

取2條線編織。手指掛線起針法開始編織，進行一針鬆緊針、條紋花樣編（參照p.46　Lesson 1）的輪編。收針依前段針目織套收針，下針織下針套收，上針織上針套收。

髮帶

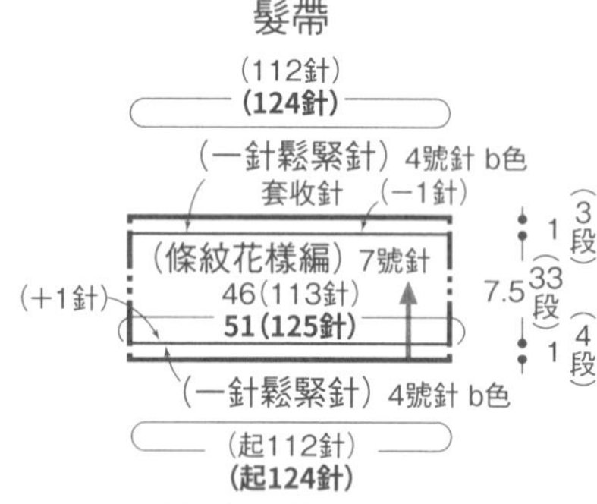

※除起針以外皆取2條線編織。

腕套

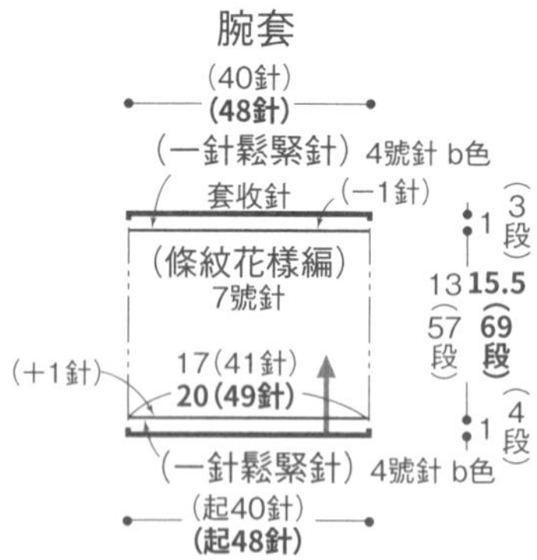

※除起針以外皆取2條線編織。

尺寸依M、**L**的順序標示，
僅一個數字時表示各尺寸通用。

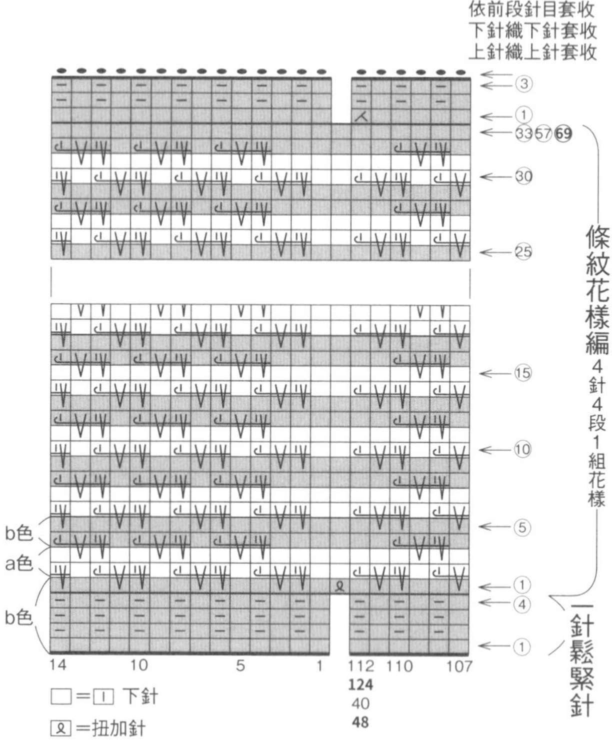

配色

a色	□	原色線2條
b色	■	藍色線2條

㉓ 斜紋典雅圍巾 →p.44

材料

Cashmere（極細喀什米爾羊毛線） 原色（01）、黑色（04） 各85g

用具

棒針9號、10號（起針）

完成尺寸

寬26cm・長165cm

密度

10cm正方形＝條紋花樣編32針・44段

▶point

皆取2條線進行編織。手指掛線起針法開始編織，依序進行平面針、起伏針、條紋花樣編的編織，收針段織套收針。

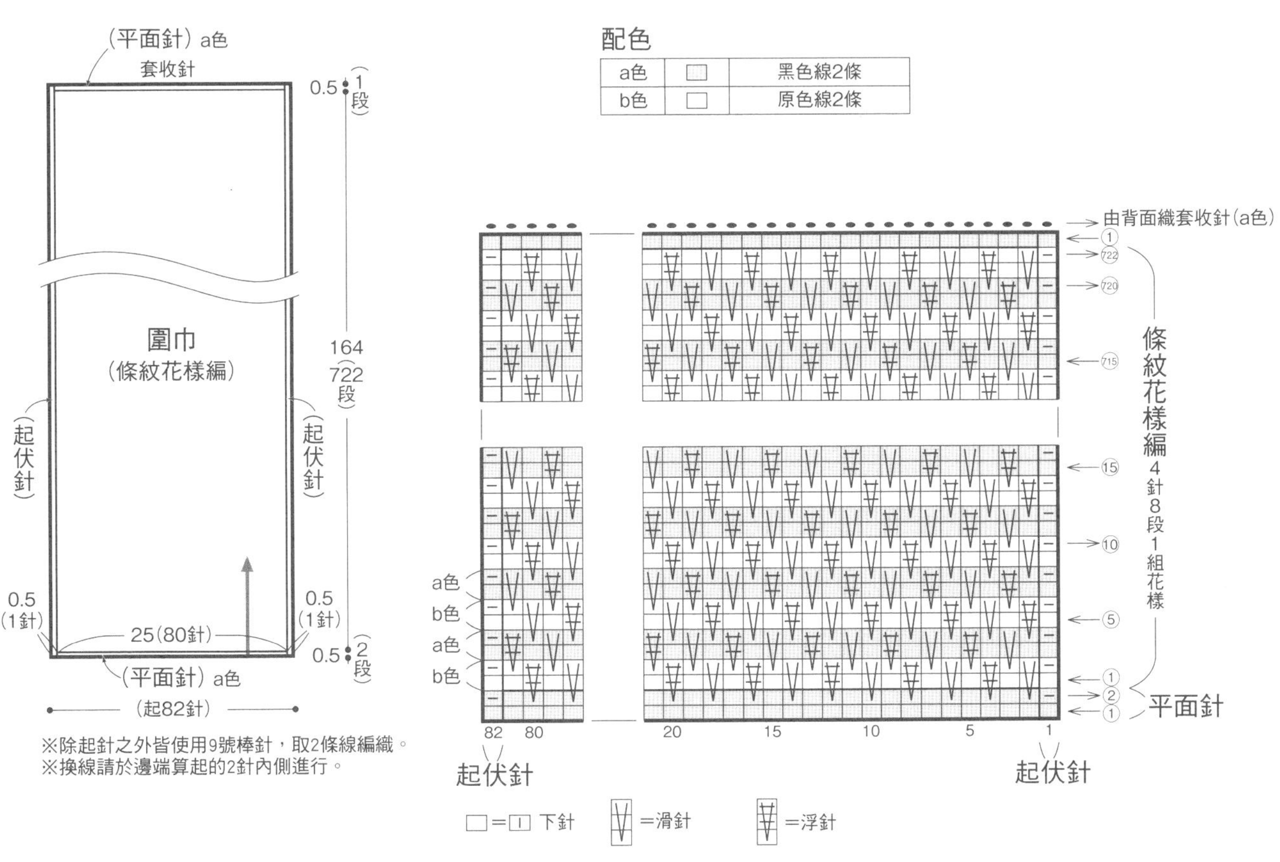

24 色調美麗的漸層脖圍 →p.45

材料

ロングかすり（e-wool）（合太羊毛線） 紅粉色系（05）160g

用具

棒針6號、7號（起針）

完成尺寸

脖圍114.5㎝・寬29㎝

密度

10㎝正方形＝花樣編24針・46段

▶point

手指掛線起針法開始編織，進行花樣編（參照p.47　Lesson 3）。收針段與起針段對齊，進行平面針併縫。

花樣編

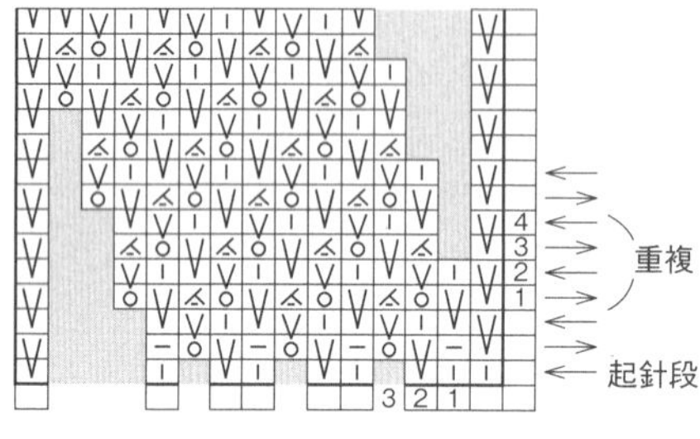

▒＝無針目

※平面針併縫時，掛針與滑針（引上針）作為1針併縫。

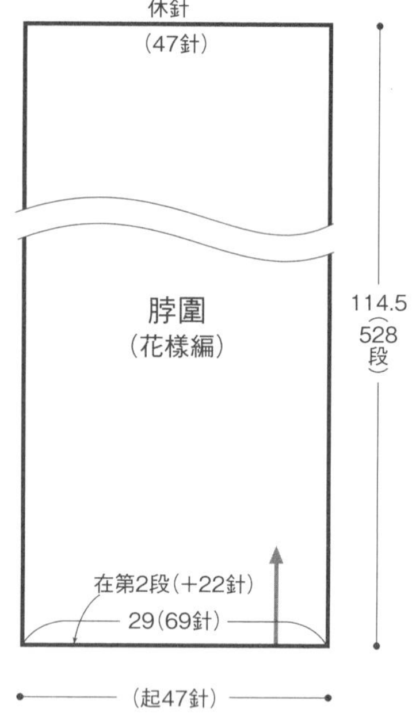

※除起針以外皆以6號針編織。

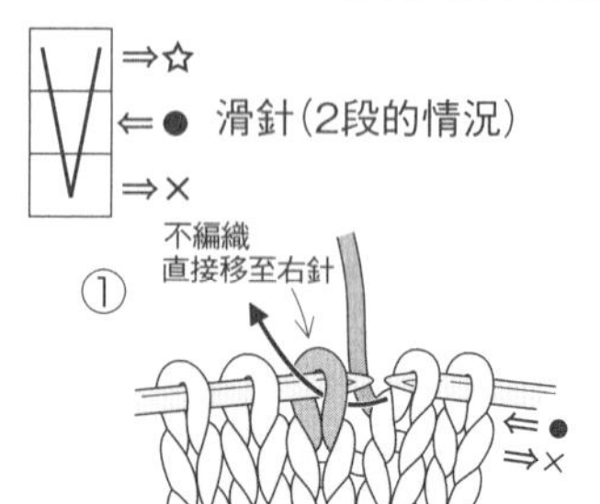

織線置於外側，針目不編織直接移至右針上。

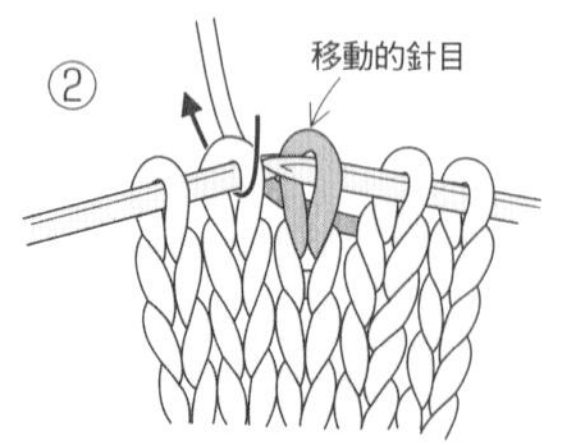

編織下一針。

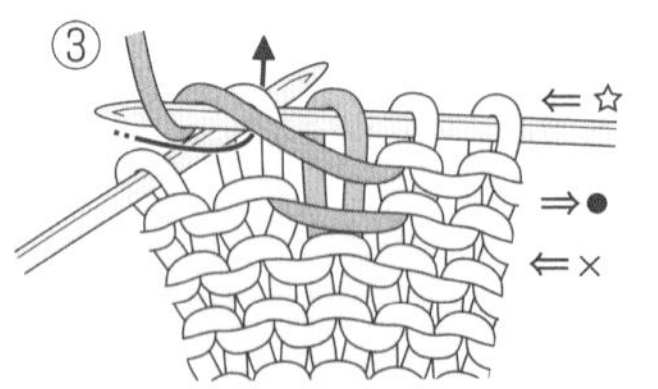

編織上針的織段則是將織線置於內側，再將針目移至右針上。

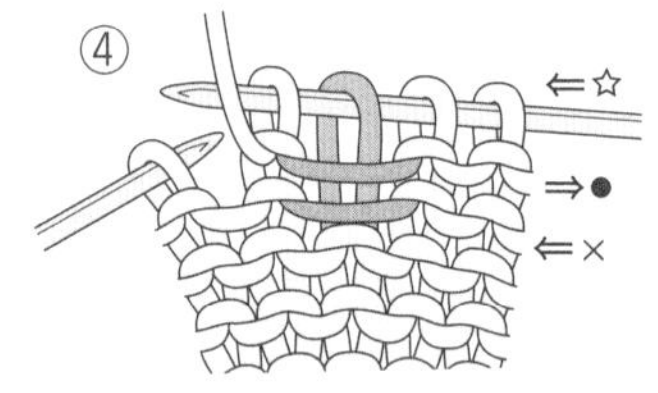

編織下一針。完成2段的滑針。

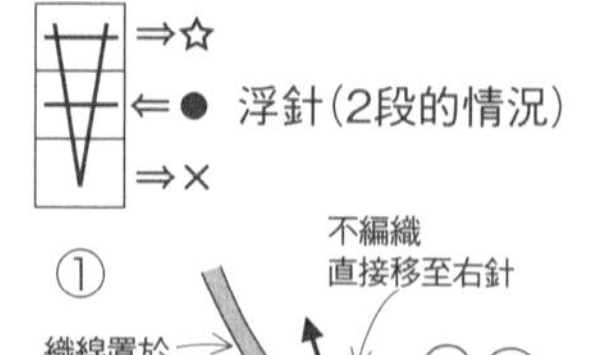

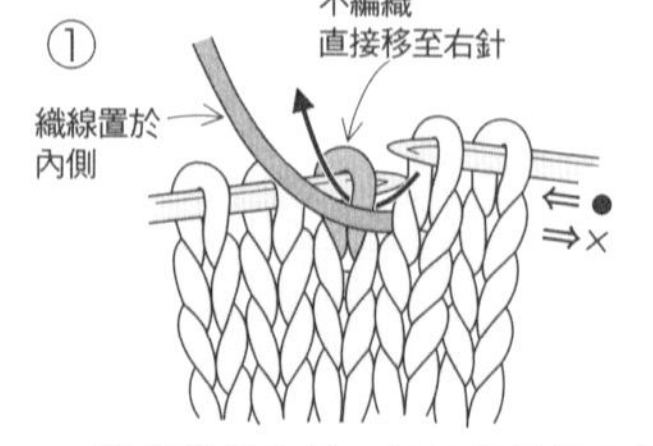

織線置於內側，針目不編織直接移至右針上。

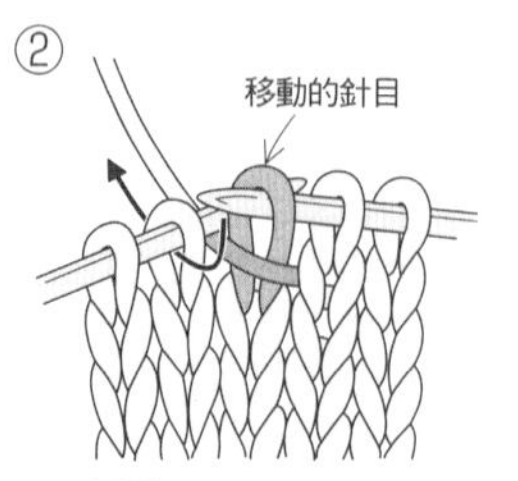

編織下一針。

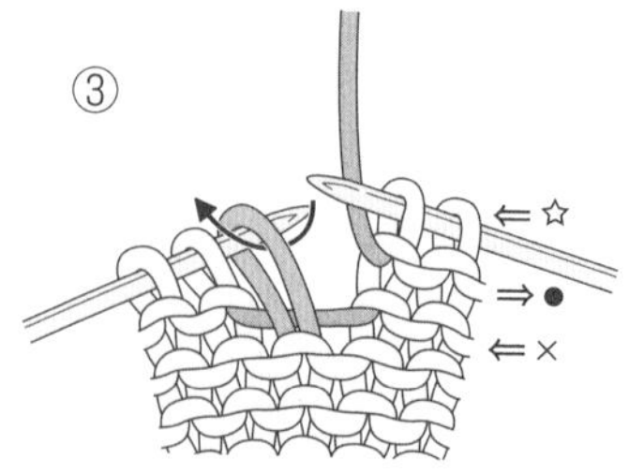

編織上針的織段則是將織線置於外側，再將針目移至右針上。

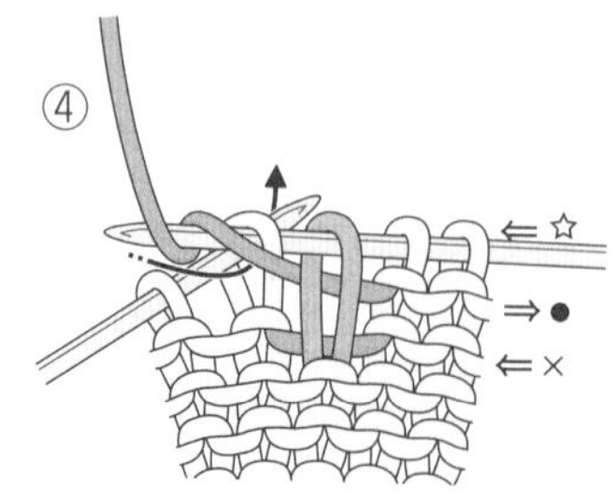

編織下一針。完成2段的浮針。

⑧ 三季適用的絲織披肩 →p.18

→p.18

材料

T Silk（中細絲線） 原色（05）225g

用具

棒針4號、5號（起針）

完成尺寸

寬48cm・長164cm

密度

10cm正方形＝花樣編20針・32段

▸point

手指掛線起針法開始，進行花樣編。收針依前段針目織套收針，下針織下針套收，上針織上針套收。

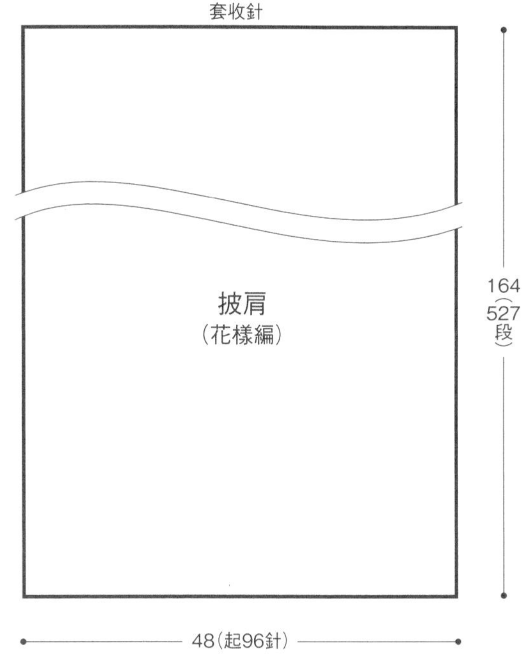

※除起針以外皆以4號針編織。

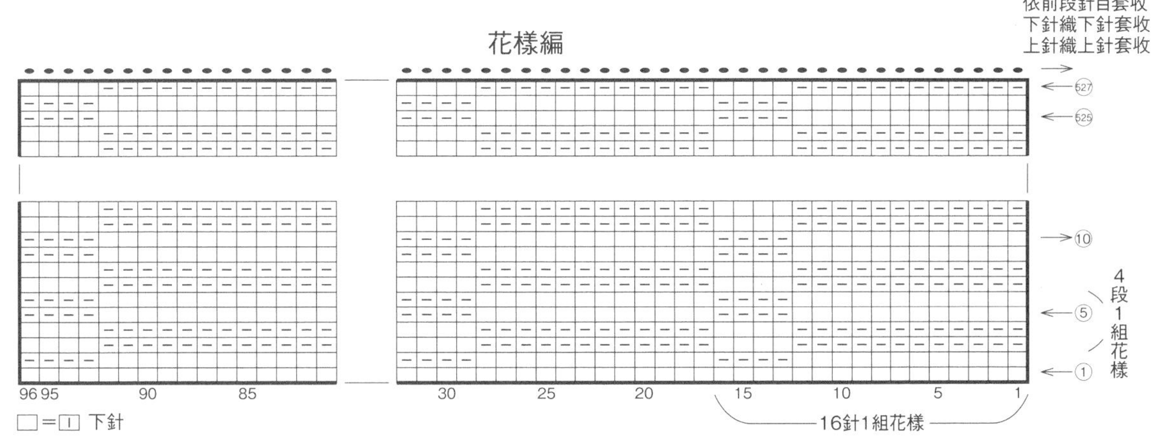

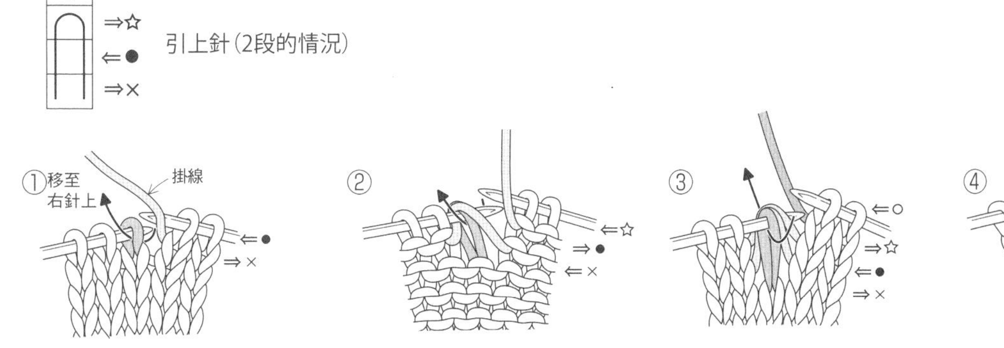

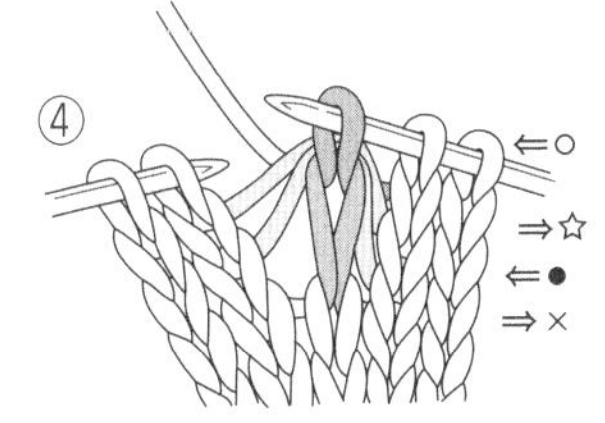

棒針掛線，針目不編織直接移至右針上。

下一段同樣在針上掛線，並且不編織前段的掛線與針目，直接移至右針上。

下一段，右針一次挑起不編織直接移動的針目與掛針，進行編織。

完成引上針（2段的情況）。

風工房　KAZEKOBO

編織&鉤織設計師。於武藏野美術大學主修舞台美術設計。20幾歲就開始在許多手藝雜誌發表作品。從纖細的蕾絲編織到傳統的毛衣織物等，以全方位創作者的身分，將活躍範圍拓展至海內外。近期著作以《風工房の絢麗費爾島編織》（日本VOGUE社，中文版由雅書堂出版）為首，著書豐富。

國家圖書館出版品預行編目資料

風工房精選手織服 & 小物：打造輕柔暖意的時尚衣櫥 / 風工房著；彭小玲譯. -- 初版. -- 新北市：雅書堂文化，2019.11
面；　公分. --（愛鉤織；66）
ISBN 978-986-302-518-4(平裝)

1. 編織 2. 手工藝

426.4　　108017935

【Knit・愛鉤織】66

打造輕柔暖意的時尚衣櫥

風工房精選手織服&小物

作　　者／風工房
譯　　者／彭小玲
發 行 人／詹慶和
總 編 輯／蔡麗玲
執行編輯／蔡毓玲
編　　輯／劉蕙寧・黃璟安・陳姿伶・陳昕儀
執行美編／周盈汝
美術編輯／陳麗娜・韓欣恬
出 版 者／雅書堂文化事業有限公司
發 行 者／雅書堂文化事業有限公司
郵撥帳號／18225950
戶　　名／雅書堂文化事業有限公司
地　　址／新北市板橋區板新路206號3樓
電　　話／（02）8952-4078
傳　　真／（02）8952-4084
電子郵件／elegantbooks@msa.hinet.net

2019年11月初版一刷　定價450元

KAZEKOBO NO TEIBAN KNIT (NV70499)

Photographer: Yukari Shirai
Original Japanese edition published in Japan by NIHON VOGUE Corp.
Traditional Chinese translation rights arranged with NIHON VOGUE Corp. through Keio Cultural Enterprise Co., Ltd.
Traditional Chinese edition copyright © 2019
by Elegant Books Cultural Enterprise Co., Ltd.

經銷／易可數位行銷股份有限公司
地址／新北市新店區寶橋路235巷6弄3號5樓
電話／（02）8911-0825
傳真／（02）8911-0801

STAFF

書籍設計／縄田智子 L'espace
攝影／白井由香里
視覺呈現／絵內友美
髮妝造型／高野智子
模特兒／KAI
作法解說／大前かおり
製圖／白井麻衣
編輯／曾我圭子 鈴木博子

攝影協力

◆pas de calais 六本木
東京都港区赤坂9-7-3 Tokyo Midtown Galleria 2F
p.12褲子（黑）、p.16,18,29,43毛衣（灰）、p.17開襟衫、p.17,44褲子（灰）、p.18,30風衣、p.20褲子（白）、p.25褲子（黑）、p.32,45夾克、p.40裙子、p.42連身裙、p.43,44外套

◆a+koloni（PHARAOH）
東京都渋谷区西原3-14-11
p.7連身裙（藍）、p.23連身裙（白）、p.32連身裙（亞麻）

◆DIANA、DIANA WELLFIT（DIANA銀座本店）
東京都中央区銀座6-9-6
DIANA WELLFIT p.9鞋子
DIANA（DIANA銀座本店）　p.25鞋子（灰）、p.39鞋子（茶）

◆VANS、NUOVO、gravis
東京都渋谷区道玄坂1-21-1 Shibuya Mark City West Mall 19F
VANS p.14,36休閒鞋
NUOVO p.12鞋子（黑）、p.23鞋子（茶）、p.35鞋子（焦茶）
gravis p.26 靴子